JN033722

初めてでも大丈夫

狩猟入門

狩猟の現場に立てるまで手取り足取り

山本暁子

初めてでも大丈夫 狩猟入門

目次

Chapter 04 狩猟の基礎知識

Chapter 05 狩猟免許を取る

Chapter 06
罠猟のはじめ方

Chapter 07
銃猟のはじめ方

Chapter 08 狩猟の現場に立つ

Chapter 09 獲物を解体して活用しよう

軽いノリから無計画ではじめた狩猟。
気がついたらこの世界にどっぷりのめり込んでしまった。
いまでは一丁前に猟師らしく捕獲しているけれど、
全然獲れなかったころも狩猟は楽しかった。
動物の痕跡や気配を感じながら山を歩き、
試行錯誤しながら獲物を追う。
そして、その土地と季節ならではの獲物をいただく。
インドア派で力もない小柄な私が、
こんなに狩猟を楽しめるとは思ってもみなかった。
これもすべて狩猟を通じて出会った
たくさんの人たちのおかげだと思う。

狩猟に興味はあるけど自分にできるのか……。
そういった人たちの背中を押して、
狩猟の現場に立てるところまでをサポートしたい。
そんなふうに考えてこの本を書いた。
ゼロからスタートして失敗を繰り返してきた
私のつたない経験をもとに、
実際にあったこと、感じたことを交じえながら、
なるべく細かなところまで書いたつもりだ。
この本を読んで狩猟デビューした皆さんと、
いつの日か山でお会いできたら
これほどうれしいことはない。

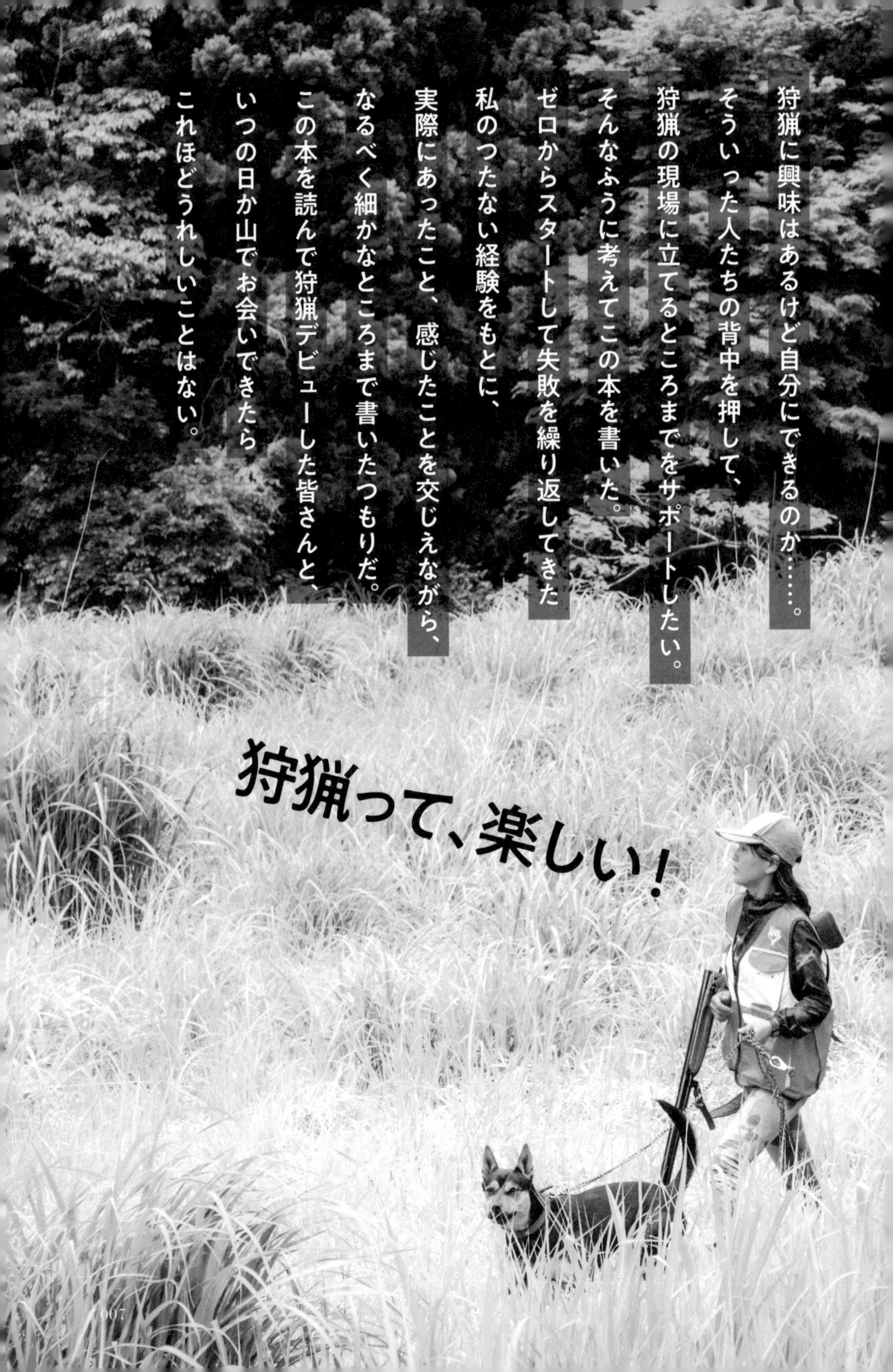

狩猟って、楽しい！

Profile

山本暁子

Akiko Yamamoto

大阪府立大学（現大阪公立大学）工学部卒業後、東京のIT企業に勤務。30歳を前に退職し、フリーランスのIT在宅ワーカーへ。2018年に鳥取県鳥取市の山奥に夫とともに移住。これをきっかけに、副業として猟師をはじめる。第一種銃猟免許、罠猟免許、網猟免許を取得。猟師３年目で、年間130頭以上のイノシシとシカを捕獲するまでに成長した。鳥獣管理士の資格も取得し、有害鳥獣駆除とジビエ振興に力を入れて活動をしている。

Chapter

01

私の狩猟ライフ

狩猟をはじめたきっかけや、
日々の生活でどれくらいの時間を狩猟に費やしているのかは人それぞれ。
ということで、私といろいろなハンターの「狩猟ライフ」を紹介しよう。

It's
my hunting life.

それは移住からはじまった

猟師＆在宅ワーカーへの道

今日は1週間ぶりの大猟だ。シカ2頭にイノシシ1頭を罠で獲った。解体所に連絡すると、「すぐに持ってきて」というので、軽トラで林道をガタガタと向かう。助手席に座っている猟犬兼ペットのチャッピーは、何かの役に立ったわけでもないのに、なぜか今日もご満悦の表情。その顔を見ていると、私の心もちょっぴりほっこりする。

道すがら、林道のそばに自生するミョウガを20個ほど摘み、ひとつは自家用、もうひとつは解体所へのお土産として袋に詰める。いまの私の日常はこんなふうに過ぎていく。私にはふたつの顔がある。ひとつは猟師、もうひとつが在宅ワーカーだ。

夫婦そろって在宅ワーカーに

もともと東京のＩＴ企業で会社員として働いていたが、２０１８年に鳥取県の山奥にある集落に〝孫ターン〟した。現在は亡き祖父と曾祖父が建てた築70年の家に、私、夫、犬１匹、猫１匹、デグー１匹という家族構成で住んでいる。

夫は元サラリーマンのＳＥ（システムエンジニア）で、同じく在宅ワーカー。２人でＩＴ関係の仕事をしたり、オンライン塾講師をしたりして収入を得ている。移住当初は、あまり認知されていない働き方だったためか、〝ひきこもりのニート夫婦〟と勘違いされていたらしい。

「あきちゃん、余計なことを聞くかもしれんけど、旦那さんはちゃんと働いとるんか？　仕事紹介してあげようか？」と近所のおばあちゃんに心配されたこともあった。しかし、奇しくもコロナ禍でリモートワークが一般化したせいで、私たちの暮らしは〝新しい働き方〟として限界集落でもにわかに脚光を浴び、不名誉なレッテルも剝がされることとなった。

副業としての猟師という仕事

もうひとつの顔である猟師だが、後述するように私は〝勢い〟と〝流れ〟でハンターになったのだが、３年目か

軽トラの助手席が自分の定位置とばかりに、私の横でいつも獲物を探しているチャッピーは狩猟のパートナーのような存在

らはひとりで年間130頭以上を捕獲するまでに成長した。これもひとえに、毎朝やる気だけは満々の愛犬と軽トラに乗り込み、山や農地周辺に仕掛けた罠の見回りをし、もしイノシシやシカが罠にかかっていたら、それを処理して解体所に持ち込むということを続けてきた結果といえる。

読者の中には「冬に銃をかついで山奥に入っていくのが猟師じゃないの？」と思う人もいるかもしれないが、現在、多くの猟師が猟期である冬場の狩猟とは別に、通年で「有害鳥獣捕獲」という環境保全と農林水産業の保護を目的とした活動に従事している。

近年、鳥獣による農林水産物への被害が深刻化。とくにイノシシやシカの増加による被害が増えているため、それを駆除することで数を調整する政策がとられている。私が暮らす自治体でも、イノシシ成獣1頭の捕獲で1万円ほど（時期などで変動あり）の捕獲奨励金が設定されているため、私のように許可を取得した猟師たちが、シカやイノシシを銃や罠で捕獲しているのだ。

2足のわらじの田舎暮らし

プログラミングやウェブデザインの仕事は期日までに仕上げればいいので、わりと自由が利く。なので、午前中は主に仕掛けた罠の見回りや捕獲といった狩猟活動に充て、午後からは在宅ワークに励むという〝2足のわらじ〟の暮らしをしている。

食料は週に1回、街のスーパーに買い出しに行けば、ほぼこと足りる。というのも、基本は山菜や庭の畑でつくった野菜、自分で獲ったイノシシ肉やシカ肉、有害鳥獣駆除のお礼に農家からいただいたお米などがあるからだ。むしろ都市部で暮らしていたときよりも、豊かな食生活だと思う。唯一、不便を感じるのは、夜中に急に食べたいものが思い浮かんでも、15㎞以上というコンビニまでの距離を考えてやむなく断念するときくらい。

　こんな話をすると、「ほぼ自給自足じゃないですか」といわれることも多いが、自給自足を目指して移住したわけではないし、猟師になる気だってさらさらなかった。

　私は大学進学を機に鳥取を離れ、その後、東京と大阪で会社員として働いていた。仕事はやりがいがあって楽しかったので、若いころは終電ギリギリまでの仕事も苦にならなかった。しかし、毎朝同じ時間に起きて満員電車に乗り、夜遅くまで働くという暮らしは限界が近づいていた。「はぁ、鳥取の祖父母のような暮らしがしたい……」

　そんなことを考える時間が、少しずつ増えていった。30歳のときの話だ。

あふれる田舎暮らしへの想い

　18歳のときに知り合った夫は、東京生まれ大阪育ちという都会っ子。思考回路が私と似ていると思ってはいたが、ある日、私よりも先に彼が爆発した。

「今日、仕事辞めるっていってきた」

　どうやら私以上にサラリーマン生活を嫌っていたようだ。その後、私も会社を辞め、しばらくは夫の両親が所有している大阪のマンションの空き部屋を間借りし、フリーランスで働く道を模索した。だが、そううまくはいかず貯金は減る一方。私は塾講師をしながら雑誌社で働き、なんとか生活を成り立たせていた。

　そんなある日、田舎暮らしを体験したいという夫の意見で、私たちは鳥取の山奥にある祖父母の家に、1週間滞在させてもらうことになった。祖母が耕している畑には花が咲き、おいしそうな野菜が実りはじめていた。祖父は

モニターを前に在宅ワークに励む。
ときには徹夜することも

右／１週間滞在したときに祖父母と夫と４人で撮った記念写真
上／鳥取も山のほうでは冬はこんなにたくさんの雪が積もる！

窓際に寝転がり、山から吹く風に当たりながら新聞を読み、昼寝をし、井戸から引いてきた湧き水でコーヒーを楽しんでいる。

必要なものがすぐにそろわないのは困るけれど、インターネットと流通が発達したこの時代、ワンクリックで翌日にはモノが届く。趣味もPCゲームだし、都会だろうが田舎だろうが関係ない。人とのかかわりと野良仕事が少し気にはなるが、そこは許容できそうだった。改めて都会と田舎の暮らしについて考えた結果、私たちは「田舎に住むメリットのほうが多い」と判断し、すべてを「インターネットに依存する」という覚悟を決めた。

祖父の死がきっかけで移住を決意

田舎暮らしを目指してから2年、私たちは東京・奥多摩への移住を計画していた。奥多摩を選んだのは、いざというとき都心に出れば職が見つかるだろうという気持ちからだった。そんなとき祖父が亡くなったという知らせが入る。葬儀も落ち着き、祖父との思い出に浸っていると、夫が「移住先、おじいちゃんの家はどう？　地域の人もよさそうだし、僕はいいところだと思う」といい出した。

在宅ワークはまだ完全には軌道に乗ってはいなかったが、「人生なんとかなるだろう、貯金もあるし」そんな軽いノリで私も移住を決断した。

そんな気持ちを正直に実家の父母に伝えると、私がサラリーマンを辞めたときからすでにあきらめ半分の両親は、「まあ、応援はする」といって、祖父母から自分たちが相続した家に、私たち夫婦が住むことをしぶしぶ許してくれた。

❖ イノシシ肉が食べたくて ❖

軽い気持ちから狩猟の世界へ踏み込む

移住して数カ月後、集落の草刈り活動のあとに慰労会があり、そこでイノシシ肉をごちそうになった。塩コショウをして焼いただけだったが、そのおいしさは衝撃的だった。これまでもレストランや海外でジビエを食べたことはあったが、こんなにおいしいイノシシ肉は初めて。感動しながら食べていると、地域のおじさんがこういった。

「猟師になって自分で獲れば、いつでも食べられるで」

調べてみると狩猟をするには狩猟免許が必要で、免許には罠や銃など4種類あり、さらに銃猟は空気銃と散弾銃に分かれていることがわかった。すっかりイノシシ肉のおいしさに魅せられてしまった私は、「イノシシ猟をやるなら強力な銃が要るんだろう」と、迷うことなく散弾銃と罠の免許を取ることを決めていた。

実は、私はイノシシの子ども、いわゆるウリボウが大好きで、学生のころはイノシシを観察するために神戸の山中へ足しげく通っていた。そのため、イノシシの生態についてはある程度知っていたが、まさかイノシシを愛でるのではなく、獲って食べることになるとは思ってもみなかった。

意外な助け舟現る

狩猟免許の試験に申し込むための書類をそろえていたある日、公民館からホームページ作成の依頼電話がかかってきた。このとき電話をかけてきた公民館職員の女性との世間話で、狩猟免許を取る予定だと話すと、すぐに知人の若手猟師を電話口に呼んでくれた。

「市役所に行けばいろんな補助制度があるよ。銃免許も取るなら、警察に銃所持許可も申請しないといけない。引退する猟師から銃を譲ってもらえないか、猟友会長にも話しておくね」

親切な若手猟師のアドバイスに従って、数日後、私は市役所支部を訪ねた。事情を話すと「有害鳥獣駆除活動をやってみないか」という提案をいただいた。説明によると、駆除活動に従事するのであれば、狩猟免許取得にかかる経費などにも補助が出るという。そして、私のような在宅ワークの生活スタイルなら、駆除活動をすることで奨励金を得ることも可能らしい。

　とりあえず免許だけは取ろうと思っていたが、意外なところからの助け舟のおかげで、私の猟師への道は急に現実味を増していった。

「止め刺し」で知った猟師の知恵と工夫

　親戚が集まる法事に参列したときのこと。とりあえず相談することに味をしめた私は、ここでも狩猟免許を取ることをみんなに宣伝して回った。

　するとさっそく、凄腕と噂されるベテラン猟師を紹介してもらうことができた。これはチャンスと「狩猟免許を取ったら教えてほしい」と頼んでみた。ふたつ返事で了解してくれると思ったのだが、返ってきたのは私の予想とは真逆の返事だった。

「いけん、おなごは狩猟するもんじゃない！　わしは教えんで！」

　もしかして猟師の世界は女人禁制!?　これは前途多難かも……と、ため息が出たのをいまでもはっきり覚えている。

　そんなある日、前述の市役所職員から「これから罠にかかったシカの処理をするから見学にこないか」という連絡が入った。すぐに待ち合わせ場所に向かうと、高齢の猟師が2人でにこやかに迎えてくれた。

　くくり罠にかかった2歳くらいの若いシカを、電気ショックで気絶させて失血死させるという。このように獲物を殺処分することを、狩猟業界では「止め刺し」というのだが、かなりご高齢なのに大丈夫かしらなどと失礼なことを考えながら、シカが罠にかかっている場所に向かった。

　生まれて初めて見た止め刺しは、意外なほどあっけなく終わった。目の前で止め刺しされたシカがかわいそうという思いもあったが、覚悟はできていたので、大きなショックを受けるほどではなかった。企業の研究所で動物実験をしていたこともあり、動物の命の

初めての止め刺しで撮った写真。電気ショックを手に近づいてくる猟師の姿を見て、シカは自分の運命を予感しているようだった

上に自分たちの生活が成り立っているという自覚が私にはあった。

初めて見た止め刺しでむしろ衝撃的だったのは、高齢の猟師たちの知恵と工夫だった。足りない道具はその場で竹を切って代用し、軽トラを使ってシカをスムーズに引っ張り出す。力に頼るのではなく、自分の知恵と経験で問題を解決していく姿は、まさにプロフェッショナルという感じ。

「なるほど、高齢でも知恵と道具があれば狩猟はできるのか。ならば女性の私でも工夫すればできそうだ」

実際に止め刺しの現場を見せてもらったことで、自分が狩猟をやっていくうえで必要なものは何かを考えるようになったのは、大きな収穫だった。

初めてのシカ肉の感動する味わい

「どうするの、コレ？」

と大笑いする夫の目の前には、先ほど止め刺しされたシカが横たわっている。場所は自宅の庭先だ。

私のプチ狩猟体験は、止め刺しの見学だけでは終わらなかった。「食べてみたい」という好奇心にあらがえず、シカを持って帰ってしまったのだ。

「ラットの解剖と原理は一緒でしょ。ラットが大きくなったものだと思えばいけるハズ」

まだ解体用ナイフなど持っていなかったので、出刃包丁を手に解体をはじめた。しかし、「言うは易く行うは難し」とはまさにこのこと。大きいというだけで、こんなに解体が大変だとは思わなかった。とにかく重く、シカの体の向きを変えるだけでひと苦労。中腰の体勢を続けるから腰も痛い。思っていた以上にゴミ袋が小さいし、切った肉を載せる容器も全然足りない。

それでも何とか解体をやり遂げ、すべてを終えたのが夜中の3時。いま思えば、そこまでおいしいシカではなかったのだが、そのときは間違いなく〝感動する味わい〟だった。

庭先で無我夢中でシカの解体に取り組む私。いま思い出しても、とにかく必死だったという記憶が甦ってくる

「罠だったら教えてやる」

後日、シカをくれた猟師にシカを自分で解体して食べたことを伝えると、その噂が地元の猟師たちのあいだに広まったらしく、前に「おなごは狩猟するもんじゃない」といわれたベテラン

猟師から電話がかかってきた。

「罠だったら教えてやるから、時間があるときにきなさい」

喜んで訪ねると、私に合いそうなくり罠をいくつか用意してくれていて、うれしいことにそれをプレゼントしてくれた。急な風向きの変化が不思議だったので、なぜ教えてくれる気になったのか聞いてみた。

「ひとりで解体するほどなら、いくら止めたって狩猟をするだろう。それなら安全に猟ができるように教えようと思ってな」

女性差別とも思えた言葉は、実は思いやりからきたものだった。その人の年齢や性格的なものもあるだろうが、私の印象では猟師は不器用で口下手な人が多い。しかし、そんな寡黙さの中に潜む優しさを感じたことで、私の狩猟への想いはますます強くなっていったと思う。

山を歩いて体力と知識を養う

止め刺しの見学や罠をくれた猟師の言葉から、とにかく山で事故を起こさないことが第一だと考えた私は、体力をつけることと山の知識をつけることの大切さを再認識した。

そこで、最初は林道を歩くことに決めた。林道なら何かあっても、だれかが助けてくれるだろう。歩くことに慣れてきたタイミングで、徐々に道幅の狭い山道、さらに狭い獣《けもの》道《みち》と行動範囲を広げ、山奥へと踏み込んでいった。

実はこの山歩きがとても効果的だった。実際に歩いてみると、どんな靴や服装が動きやすいのか、自分の体力はどの程度なのかを身をもって知ることができたからだ。

一方、山道の様子に目が慣れていくと、少しずつ糞や足跡といった動物の〝痕跡〟にも気づくようになった。さらに、季節によっていろんな山菜やキノコも採れるし、実際に動物に出会うこともあり、まさに山を歩くことは宝ものを探しにいくようでとても楽しかった。唯一、クマとの遭遇だけは怖かったので、クマ除けの鈴を付けて『森のくまさん』を歌いながら森を歩いた。

こうして私は狩猟免許試験に向けて、着々と準備を進めていった。

とにかく山を歩くことが猟師の基本。おかげで現在は体力もつき、男性ハンターと一緒に山に入っても負けない自信ができた

狩猟者養成講習会での実技講座の様子。モデル銃を見ながら説明を受ける

狩猟免許と銃所持許可を取る

実猟に向けて講習と試験に挑む

散弾銃と罠で狩猟をするためには、「第一種銃猟免許」と「わな猟免許」という2種類の狩猟免許に加え、「銃所持許可証」を取得しなければならないと知った私は、まず銃と罠の狩猟免許を同時に取ることに狙いを定めた。

手に入れた受験申込書には「狩猟者養成講習会」の案内が同封されていて、これに参加するのが合格への近道なのだとか。半信半疑で参加してみたのだが、これが大正解！　会場で配布された『狩猟読本』（1500円）というテキストは、〝猟師のバイブル〟ともいうべき本で、狩猟に必要な基本知識が網羅されている。座学ではこのテキストと試験例題集をもとに、重要なポイントを教えてもらうことができた。

一方、狩猟免許試験には実技試験もあるため、講習会では実際に実技試験で行われる銃の分解と組み立て、罠の設置など、実物がなければとても理解できそうもないことを教えてくれた。練習が必要だと直感した私は、その場で講師の実演を動画撮影させてもらい、自宅でその動画を見ながら木の棒を銃に見立てて、何度も練習を繰り返した。もちろん例題集も全部解き、間違えたところは2回解き直した。

試験当日、会場には70人ほど受験者がいたが、女性は私を含め2人だけ。周囲から注がれる好奇の目を感じながら試験を受けたが、試験は思いのほか簡単で一発合格。落ちた人はわずか2～3名だった。

銃猟等講習会の試験が最難関

狩猟免許に比べると何倍も大変だったのが、銃所持許可証の取得だった。手続きのため平日に何度も警察署に通う必要があり、書類も非常に多い。身辺調査や同居家族への個別面接もあるので、取得には半年以上かかる。

一般に銃所持許可を取るうえで最難関が「猟銃等講習会」での筆記試験といわれているのだが、それを知らなかった私は、警察から事前にもらった例題がとても簡単だったため、何も対策しないまま参加してしまった。

講習会の参加者は10人ほどで女性は私だけ。話を聞くと少なくとも4人が再試験だという。みんなが時間ぎりぎりまで市販の参考書で勉強する様子に危機感を覚えた私は、とにかく講義を熱心に聞いた。本番の筆記試験では、出題問題の一部が予想以上に難しく感じ、これは対策しないと落ちる試験だった……と後悔しながらも必死で回答した。不安な気持ちを抱えたまま合否の発表を待ち続けた記憶がある。私は幸運なことに合格できたが、不合格者も4名ほどいた。

つらかった射撃教習

私が最もつらかったのが後日行われた射撃教習だった。射撃場で教官の指導のもと、ルールを守って実際に銃を撃ち、空飛ぶお皿に命中させなければ合格できない。しかし、実銃はとても重く、ずっと持ち続けていられない。隣の男性は難なくこなしていたが、私には地獄の筋トレのようだった。

発砲するたびに、頬と肩が銃の反動で腫れて赤くなっていくというのに、さらに銃を撃ち続けなければならない。もはや拷問に近い感覚だった。これもなんとか耐えて合格したが、頬と肩は殴られたように青く腫れ、しばらくは痛みが引かなかった。

ちょっぴり重たい話になってしまったが、銃を持って猟をするためには、こうしたハードルを越えなければならないということも知っておいてほしい。

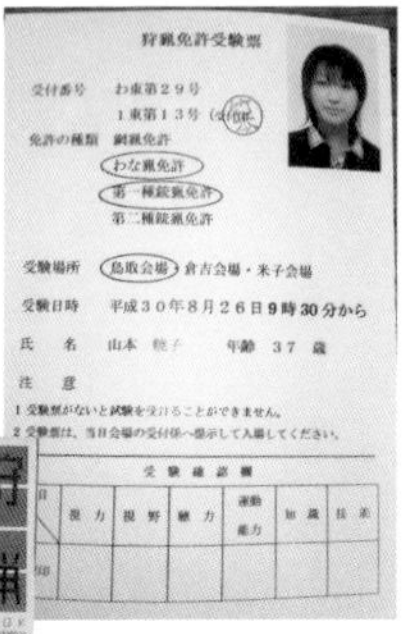

私が狩猟免許試験を受けたときの実際の受験票

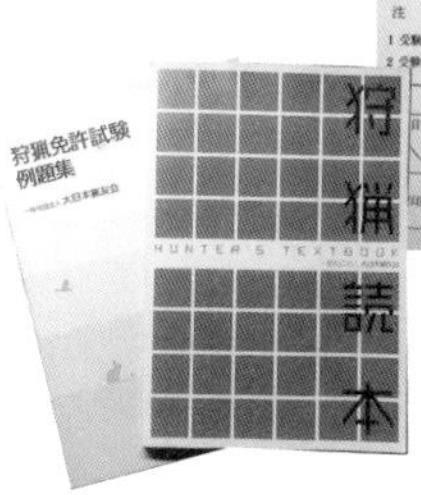

いまでもときどき読み直す『狩猟読本』。とてもタメになる本だ

狩猟デビュー

狩猟の日々は試行錯誤の連続

　罠の狩猟者登録を終えたこともあり、私はまず罠猟からはじめることにした。SNSでも狩猟開始宣言を行ったため、多くの役に立つ情報が集まり、猟を見学する機会にも恵まれた。しかし、肝心の罠かけのほうは全然だった。見よう見まねで罠をかけても、捕れる気配はまったくなし。「イノシシがかかったら大変だから、本格的にやるのは鉄砲を手に入れてからにしよう」というもっともらしい言い訳で自分を納得させ、すぐにあきらめてしまった。

　1月初旬、銃所持許可が下りた。手続きを済ませ、晴れて銃猟解禁となった私は、すぐに集落の山に向かった。銃の扱いに自信がなかったため撃つ気はなかったが、とっくに冬眠しているはずのクマを警戒して、スラッグ弾という強力な弾を右手にひとつ握りしめて、カンジキを履いて雪の中を歩き回った。

雪に足が埋もれないようにカンジキを履いて山を歩く

そんな調子だったが、雪に残る動物の足跡やシカの寝床を見つけたりするのは、とても楽しかった。

巻き狩りで集団猟の楽しさを知る

　2月初旬、銃を譲ってくれた猟師から、銃でシカの止め刺しをしてみないかと誘われた。大きなシカやイノシシの止め刺しには、通常、スラッグ弾を使う。威力が高いだけでなく、射撃精度が必要になる弾丸なので、私はまだ撃ったことがなかった。

　先輩たちに見守られるなか、さっそく初弾を外した。励まされながら撃ち続け、4発目でやっと命中させることができた。シカには申し訳ないと思

初めて撃ったシカ。首に弾が当たったので、最後は苦しませないようにバイタル（急所）を狙って５発目を撃った

いながらも、初めて自分で止め刺しできた喜びと興奮は大きかった。

　猟期が終わる最後の日曜日、近くの集落に住んでいる猟師たちから巻き狩りのお誘いを受けた。巻き狩りとは、日本全国で行われている集団猟法のひとつ。勢子《せこ》と呼ばれる誘導役が犬を使って追い立てた獲物を、タツマと呼ばれる複数の仕留め役が待ち伏せ、銃で撃って仕留めるというものだ。

　結局、この日は発砲するチャンスはなかったが、巻狩り後に参加した反省会という名の宴会が楽しかった。有害鳥獣駆除や罠をかけるコツなども聞けたし、困ったらいつでも相談に来いといわれたことで、安心して狩猟ができる後ろ盾を手に入れた気がした。

初めての捕獲に大興奮

　猟期が終わると、有害鳥獣駆除の従事者証が届いた。さっそく駆除に使う標識を作成し、くくり罠を設置した。相変わらず獲物はかからなかったが、少しずつ捕獲の兆しも見えはじめていた。罠は発動するのだが、あと一歩で獲物に逃げられてしまう〝空はじき〟が発生するようになったのだ。

　このころから徐々に体力と土地勘がついてきたこともあり、罠を設置するエリアも広がっていき、猟師仲間との情報交換も大きな助けとなった。

　そして、5月30日の朝、ついに獲物がかかった。2歳くらいのメスジカだった。初めての止め刺しは銃で行うことにした。当時の私には若いメスジカでさえ近づくのは怖かったし、技術が

近くの集落の先輩猟師のみなさん。なにかと気にかけてくれるとても頼もしい面々だ

未熟な自分が確実に安楽死させられる手段は、銃だと考えたからだ。

興奮と緊張で手が震えたが、一発でシカに当てることができた。獲物が捕れない時期も、ベテラン猟師にイノシシなどで経験を積ませてもらったおかげだ。ただ、その後が大変だった。道具が不十分だったため、市の職員に手伝ってもらってなんとかシカを運び出して処理をした。十分に備えていたつもりだったが、いざとならないとわからないことが多いと痛感した。

有害鳥獣駆除が必要な理由

それからしばらくの間、私は熱心に罠の設置を行わなくなった。罠の世界は奥が深くておもしろかったが、本格的に活動するためにはそろえなければならない道具や装備も多く、一度シカを捕獲したことで満足してしまったのだと思う。有害鳥獣駆除を「猟期以外でも狩猟ができる特別許可」程度に考えてしまい（本当は違うのだが）、私はそのころ楽しさを知った畑仕事にのめり込んでいった。

農業の楽しさにハマった私は、トラクターで畑を耕すほどのめりこんだ

そんなある日、手塩にかけて育てた農作物が、イノシシ大家族の襲来によってひと晩で全滅する事件が起きた。このときの悲しさと怒りによって、私は有害鳥獣駆除の意味と重要性に気づくことになる。まさに中山間地域は、野生動物と人間との生き残りをかけた

被害に遭った農家さんのダイコン畑。動物にとって農作物は“ごちそう”。根こそぎ食べて去って行く

戦場。再び銃を手にした私は、本格的に有害鳥獣駆除に取り組むことになった。

猟犬との出会い

狩猟2年目を迎えた初夏、勢いで猟犬の子犬をもらってしまった。犬との狩猟への憧れもあったが、身の安全のためという理由が大きかった。近隣では罠にかかったシカをクマが襲うことがたびたびあり、実際にクマに襲われた猟師も身近にいた。いざというとき犬がいれば心強い。

4匹生まれた子犬の中から、直感で黒い色のメス犬を選び、チャッピーと名づけた。子犬といえどもさすがは猟犬。運動量が激しく、なんでも咬みちぎってしまう。ただ、知能指数は高いようで、基本的な命令はすぐに覚えた。

教育もかねて箱罠の見回りに連れて

まだ子犬だったチャッピーと罠の見回りをする

行ったときのことだ。私が山道に入ろうとするとチャッピーが急に立ち止まり、お座りをして前に進まなくなった。リードを引っ張っても頑として動かない。じっと私の方を見つめ、ちょっと困った顔をしている。しょうがないなと抱きかかえたその瞬間、藪からイノシシが飛び出してきたのだ。実は箱罠にはイノシシの子どもが3頭入っていて、それを助けようと親イノシシが待ち伏せしていたのだ。チャッピーがいなかったらと思うとぞっとするが、それ以来、彼女は私にとってなくてはならない相棒となった。

狩猟をはじめておよそ4年。自分でいうのもなんだが、狩猟の技術や知識もだいぶ上がった自信はある。しかし、自然を相手にする狩猟には常に危険がつきまとうもの。初心を忘れない。そんな想いを胸に、今日も私は山を歩く。

私の狩猟道具① 銃猟

2挺の散弾銃を使い分ける

私が所持している銃は2挺。どちらも猟友会を通じて、猟師から譲り受けたものだ（もちろん然るべき手続きを経て）。銃へのこだわりはなかったので、止め刺しに使えればいいと考えていたが、性能的には事足りている。

銃は身の安全を確保して獲物を仕留められる便利な道具だが、一歩間違えば大事故につながる危険性がある。「獲物に逃げられるのもまた一興」といった気持ちを保つよう意識している。

銃を使い終わったら、かならず銃身の内部を掃除し、オイルを吹きかけて保管することも大切。こういう手間を惜しまないで徹底することが、安全で楽しい狩猟へとつながっていく。

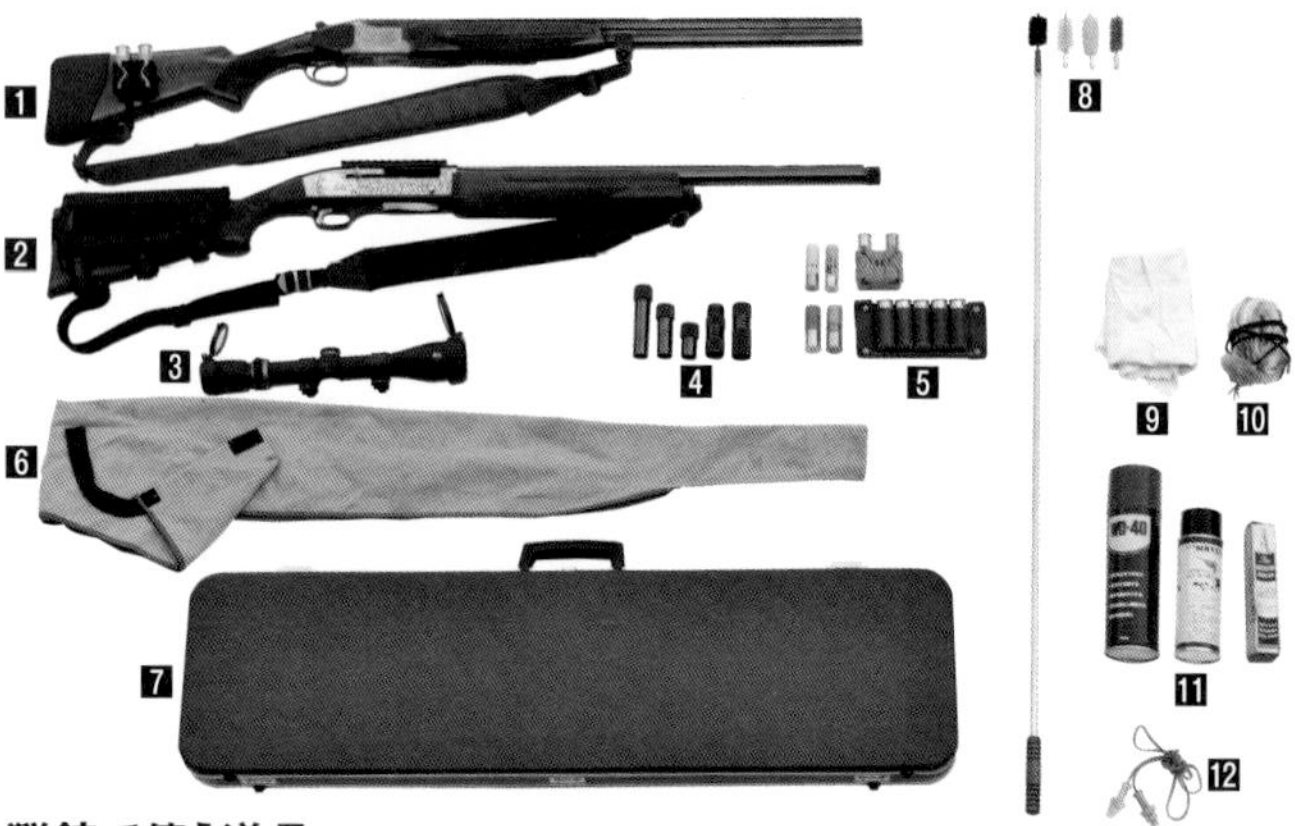

猟銃で使う道具

❶上下二連銃。２発連続で撃てる。構造が単純なので、比較的安全に扱える。猟犬と山で猟をするときに利用（ミロク2700／20番／猟銃）。❷自動銃。最大３発連続で撃てる。汎用性が高く、さまざまな場面で利用（Franchi M521／12番／猟銃）。❸スコープ。銃にマウントして使う。遠くからシカなどの大きな獲物を撃つときに利用。❹交換チョークセット。自動銃の銃口の先端に付けて、散弾の広がりを調整するためのもの。たとえば、遠くの鳥を撃つときは長いチョーク（絞りが大きいもの）、近くの鳥の場合は短いチョーク（絞りが小さいもの）といった具合に、シチュエーションによって付け替える。❺散弾とシェルホルダー（上段は20番散弾とKKSLAB X-HOLDER改、下段は12番散弾と革製のケース）。散弾は、銃の口径や狙う獲物によってさまざま。狩猟中、激しい動きで散弾を紛失しないように、シェルホルダー選びには気を遣っている。❻銃カバー。猟場で銃を携帯するときに使う。猟場でも、禁止されている場所では裸銃は違反。❼銃のハードケース。銃を運搬するときに使う。❽クリーニングロッドとブラシセット。銃身を掃除するときに使う。❾ウェス。銃を拭いたりする布切れ。クリーニングロッドと組み合わせて使うこともある。❿ボアスネーク。銃身を簡単に掃除するときに利用する。⓫メンテナンス用オイル。左から WD-40（防錆潤滑オイル）、ソルベント（防錆潤滑オイル）、LUBRIPLATE（潤滑材）。どれを使うかは人によって流儀があるので、銃砲店に相談するとよい。⓬射撃で使う耳栓

木の切り株を支えにして銃を構える。これを依託《いたく》射撃という

私の狩猟道具② 罠猟

市販の罠から自作罠へ移行

罠にはいくつか種類があるが、私が主に使っているのが〝くくり罠〟だ。最初は有名メーカーのくくり罠を10セットほど購入した。いまでは罠の自作は奥が深くておもしろいと感じるが、自作に慣れるまでは設計やつくりが甘くなって獲物を逃すこともあるし、事故につながる危険性もあると考えたからだ。買った罠を分解し、新しい部品に付け替える作業を繰り返すうちに、私は罠づくりに徐々に慣れていった。

罠猟に必要な道具としては、ほかに止め刺し関連の道具、そして獲物の運搬用に使う電動ウインチ付きの軽トラックも、私には必需品。道具は技術（と体力）をカバーしてくれる！

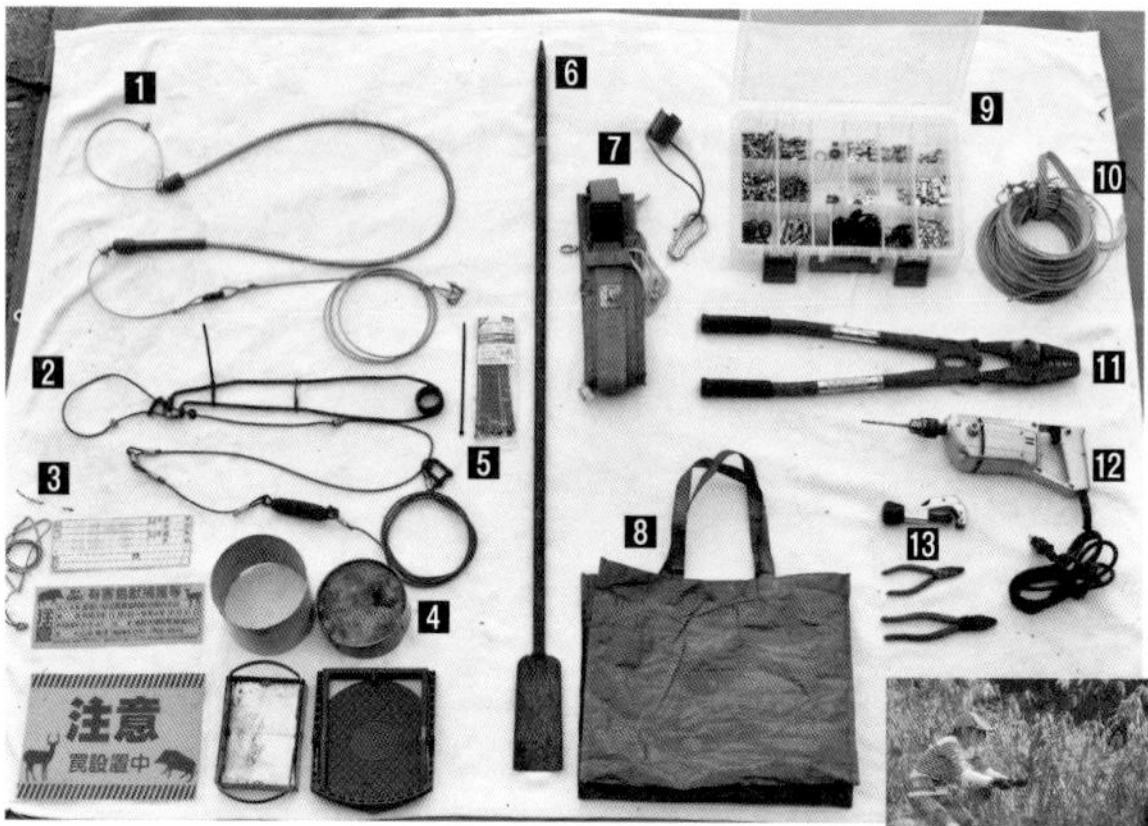

罠関連の道具

1 自作のくくり罠。これは「押しバネ式」と呼ばれ、私が一番よく利用しているタイプ。2 自作のくくり罠。ねじりバネ式。ワイヤーが短いので、獲物が暴れまわる範囲が狭くなる。ショックアブゾーバーが付いている。3 くくり罠の標識と注意喚起の札。罠には識をつけることが義務化されている。4 くくり罠の台。上段が自作。下段がメーカー品（下段：左からオリモ製作所／OM-30型、RedHat／旧型二代目踏板）。5 結束バンド（ELP／耐候性）。ねじりバネは設置のときにストッパーが外れるととても危険。設置が終わるまで結束バンドで補強しておく。6 山芋掘り。罠を設置するとき、地面を掘るのに使う。木の根も切れるし、杖にもなる。7 多機能腰ベルト。くくり罠のバネを縮める際に利用する。使い方は右下の写真のように、ベルトを利用して体重をかけてバネを引っ張る。罠のバネを縮めるにはかなりの力が必要だが、これを使うと力が弱い人でも設置しやすくなる。8 防水性のあるバッグ。罠一式を入れて持ち運ぶのに使う。9 罠用消耗部品一式。罠自作に使う。10 4㎜ワイヤー（6×24／PP芯）。くくり罠自作用。11 スエージャー。ワイヤーを切断したり、圧着させたりする道具。罠を自作するなら写真のベンチタイプをオススメする。12 電気ドリル（HiKOKI／BUL-SH3）。罠自作の際、塩ビパイプに穴を開けるのに使う。13 パイプカッター（SK11）。塩ビパイプの切断に利用する

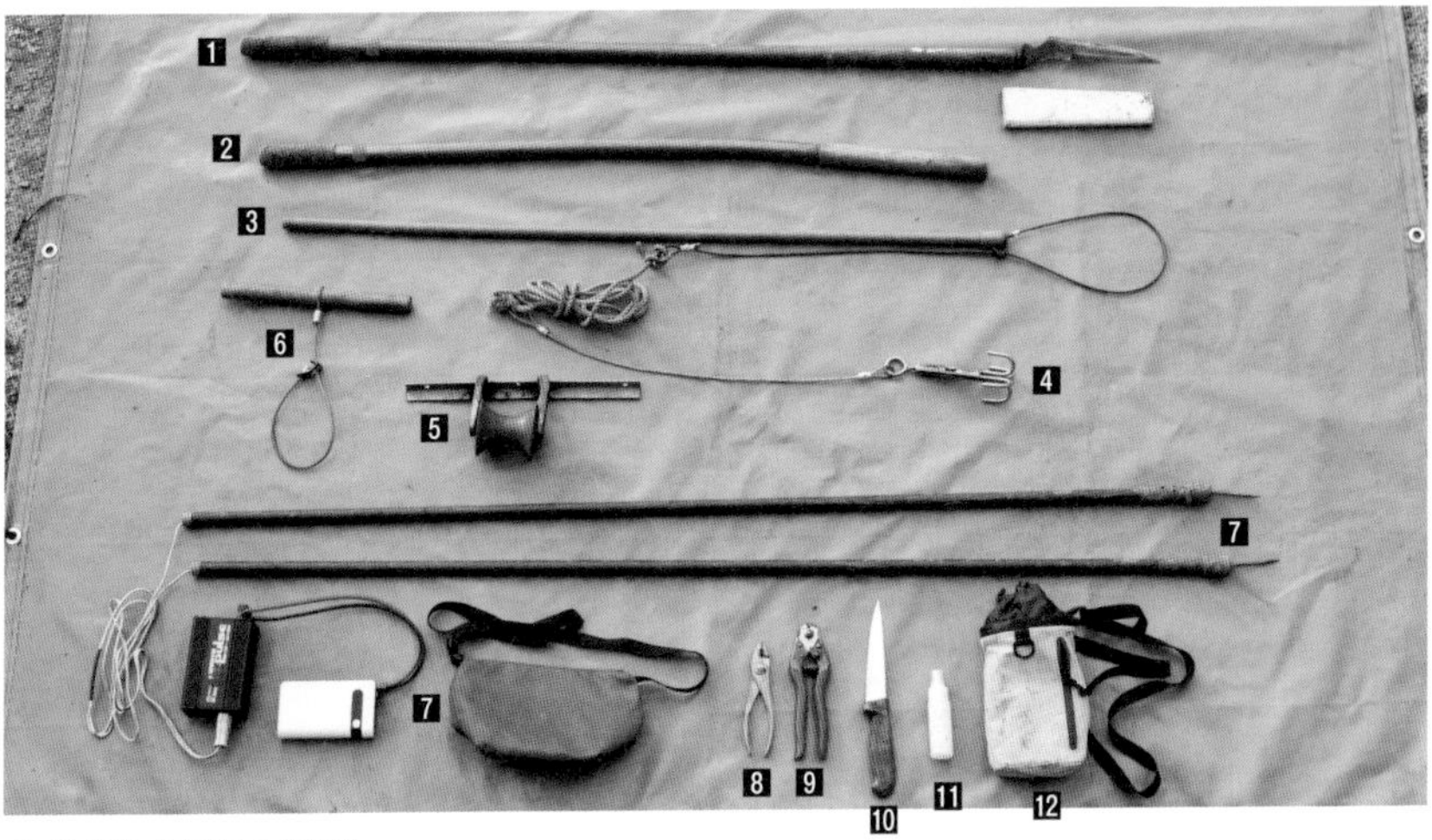

止め刺し関連の道具

1 獲物から距離を取って止め刺しするときに使う道具。剪定鋏の片刃を金属のパイプに固定して自作した。金属パイプを接続して延長することもできる。2 先端の金属パイプで獲物の頭部を殴打して昏倒させる、いわゆる“棍棒”。先端部に鉄管をかぶせて補強してあるので、遠心力で威力がアップする。3 鼻くくり。獲物の保定に利用。輪を大きくすれば、胴くくりや足くくりにもなる。4 保定をする際、くくり罠のワイヤーなどを手繰り寄せる道具。5 滑車。獲物を引き出すときにロープとともに利用。木などに固定して利用する。6 獲物を引き出す道具。一番よく使っている。7 電気ショッカー。獲物を電流で気絶させる道具。インバーターとバッテリーは防水のカバンに収納して使う。8 ペンチ。罠を外すために利用。9 ワイヤーカッター。罠が絡まったときに利用。10 止め刺し用ナイフ。獲物を気絶させたあと、動脈を切って血抜きする（VICTORINOX／骨スキ丸）。11 アルコールスプレー。止め刺しする前にナイフを消毒する。12 ペンチやナイフなどの道具を携帯する袋（ワークマン）

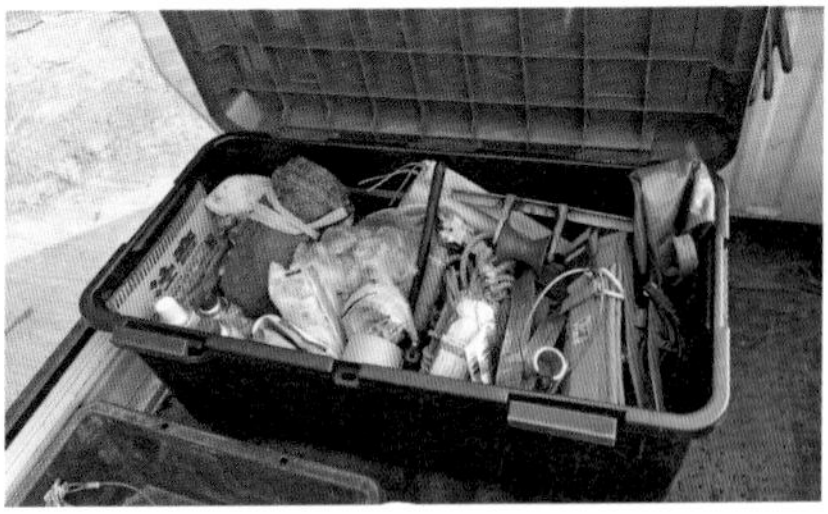

軽トラと積載道具

1 軽トラは中古で購入。たとえ年式は古くても走行距離が少ない軽トラも多いので、じっくり探そう。2 電動でワイヤーロープの巻き上げ、巻き下げをする電動ウインチは、重量のある獲物を引き上げるときに活躍してくれる（ノーブランド2500LBS /12V）。3 ロールバー。ウインチを固定するための土台として荷台の床に溶接した。4 大型の収納ボックス（ティアモス#1000）には、右側の写真のように狩猟に必要な小物類を収納している。アルミなどの金属製のボックスを積んでいる人もいる。5 小形の収納ボックス（別名ベランダボックス）には、箱罠で使う獲物を誘引するエサになる米ぬかを入れている。6 俗に“トロ舟”と呼ばれるプラスチック製の箱。獲物をこれに入れて運ぶことで、血液や汚れが流れ出ない。80ℓサイズであればほとんどの獲物が収まる。7 アルミ製のラダー（はしご）は、獲物を荷台に引き上げるときに使う

私の狩猟道具③　装備と服装

なるべく軽装を重視した服装と装備

身長155㎝、足は22・5㎝と小柄な私には、巷でオススメされる狩猟関連装備はほとんどサイズが合わず、探すのにとても苦労した。ただ、機能性の高いアウトドア用の衣類やシューズなら狩猟用にも使えるので、ちょっとこだわっておしゃれを楽しんでもいい。

狩猟の服装は猟法や季節によってかなり違ってくるので、ここでは「11月の晴れた日」という想定で、私が普段から使っているベーシックな服装と装備を紹介する。女性は銃を持って山を歩くだけでも負担が大きいので、私はなるべく軽装重視。奥山や雪山に入る場合はこれをベースにアレンジしているが、かなり重装備になる。

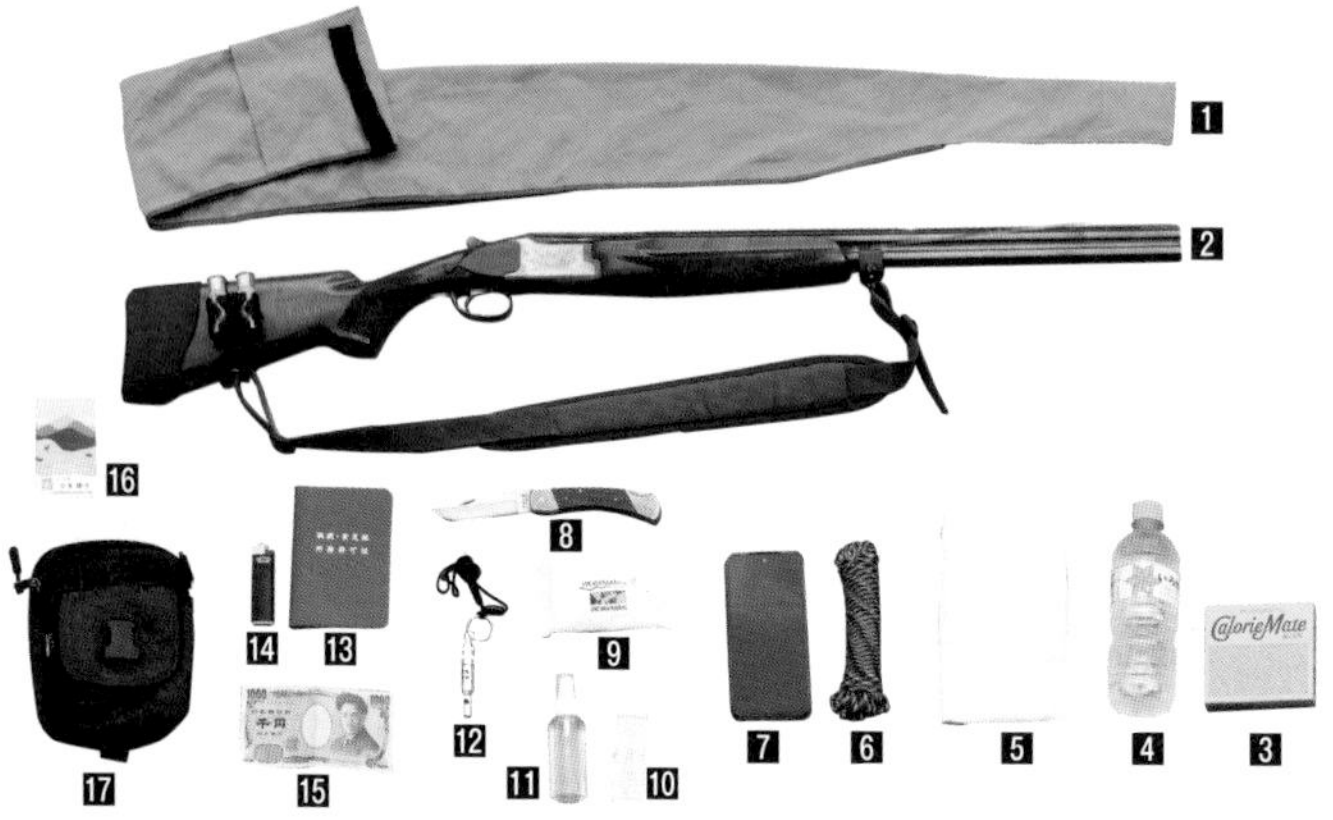

狩猟の際の基本的な持ちもの

1 銃カバーは落としてもすぐに気づきやすいオレンジ色。2 愛用の銃。KKSLAB（カカシラボ）というメーカーの弾差し（シェルホルダー）を銃床に付けている。とっさのときにすぐに弾を装填できるので便利。3 カロリーメイト。非常食兼おやつ。4 水500㎖。カフェインは利尿作用があるので避けている。水は水分補給だけでなく手や傷口を洗うのにも使えるので便利。5 薄手のタオルを1枚持っていると、ケガをしたときの止血用などにも使えるので便利。6 パラコード。犬のリードや銃身内のゴミ除去用など、多目的に活用できる。7 スマートフォン。GPS情報はほとんどスマホに頼っている。山岳地帯は携帯の電波が届かない場所も少なくないので、奥山に入るときは無線機も携帯するようにしている。8 折りたたみナイフ。木を削ることもできるので重宝する。9 ウェットティッシュ。手指衛生のために持参している。10 万が一の切り傷用にガーゼ付きばんそうこうも。11 消毒用スプレー。12 救難用の笛。犬笛としても利用している。13 銃所持許可証。狩猟者登録証と有害鳥獣駆除の従事者証も一緒に入っている。狩猟を行う際は携帯が義務付けられている。14 ライターがひとつあれば、非常時に火を確保できるという安心感がある。15 現金が必要になった場合を想定して、1,000円札1枚を入れっぱなしにしている。16 名刺。猟場地域の人に連絡先を伝えたいときに便利。17 ポシェット。パンツのベルトに引っ掛けることができる。7～16 を入れている。罠猟などのときもこれを持ち歩く

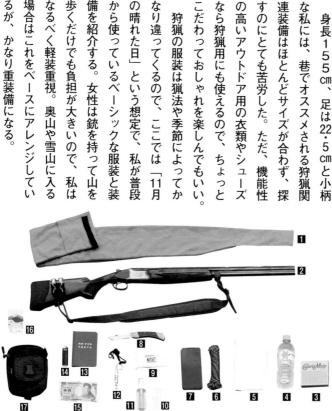

ベース

❶猟友会の帽子

猟友会から支給された帽子。狩猟の際は必ず着用するようにしている

❷インナー

伸縮性があり体への密着感が高いコンプレッションウェア。ノーブランド

❸ジャケット

GORE-TEXマウンテンジャケット（MAMMUT）

❹猟安全ベスト

これも猟友会から支給されたもので（旧タイプ）、猟のときは必ず着用。背中に大きなポケットがあり、かなり荷物も入る

❺ハーフパンツ

ハイカー用ハーフパンツ（Marmot・メルカリで購入）

❻スパッツ

動きやすい登山用のスパッツ（ノーブランド）。保温性もある

❼靴下

消臭効果と保温性が高いウール100%がオススメ

❽登山靴

裏にスパイクがあるタイプを使っている（Caravan）

❾手袋

ホームセンターで売っている作業用の手袋が使いやすい。手が小さいのでサイズは子供用を愛用

❿ポシェット

ポシェット。右ページ参照

オプション

ナイロンヤッケ

上からかぶることことができ、防寒＆泥除けにもなる。携帯できて激安の500円（ワークマン）

ゲイター

すぐに泥だらけになるため、消耗品と割り切ってホームセンターで購入している

長靴

雨の日は長靴を使う。唯一サイズが合う作業用長靴がこれだった。Amazonで購入

レインパンツ

透湿性とストレッチ性のあるレインパンツ（ワークマン）。雨が降りそうなとき、泥で汚れそうなときは、スパッツの上からこれを履く

フリース

薄手のフリース（Columbia）。寒いときはジャケットの下に着るが、動くと暑くなるのであまり着ることはない

みんなの狩猟ライフ① 西山萌乃さんの場合

持ち前の積極性で〝狩猟の輪〟を広げる

岩手大学農学部でシカ肉の品質向上に関する研究をしていたという西山さんは、研究のサンプルとしてシカ肉を提供してくれる猟師と仲よくなった。狩猟の話を聞いたり、雪山での猟に連れていってもらったりしているうちに、狩猟に興味を持ったという。

「狩猟の世界をもっと知りたい。そして、自分も銃を持ってシカやイノシシを獲ってみたいと思い、すぐに狩猟免許の申し込みをしました」

インターネットで調べてみると、銃の所持許可の手続きは社会人になってからだと大変になると考え、西山さんは時間のある学生のうちに取得しておくことにした。知り合いになった女性

Personal Data

氏名	西山萌乃	年齢	27歳
居住地	千葉県船橋市	職業	会社員
免許	第一種銃猟免許（空気銃と散弾銃）		
狩猟歴	4年		

狩猟の現場に立つまでにかかった費用　235,000円

- 狩猟免許、銃所持許可取得、ガンロッカー、狩猟者登録税など ……… 128,000円
- 射撃の練習代と スパイク長靴などの装備 ……… 107,000円
- ・散弾銃SKB G1900（単身自動） ……… 0円（先輩からもらい受けたため）

猟師から試験のコツを教わり、鳥獣のイラストを印刷して判別試験用の暗記カードを作成するなど、1週間ほどかけて狩猟試験の勉強に集中。研究と就職活動と並行しながらの挑戦だったが、卒業までに無事に第一種銃猟免許と銃所持許可を取得した。

銃と一緒に都市部へ引っ越し

就職も決まり、西山さんは千葉県内で住まいを探すことになったが、賃貸住宅では賃貸人から自宅に銃の保管設備（ガンロッカー）を設置することを禁じられた場合、銃を持つことができない。そこで、部屋を借りる前に大家さんに事情を話して、あらかじめ承諾をもらったうえで部屋を決めたそうだ。

銃を持つことはできたが、首都圏には狩猟のツテどころか知り合いもまったくいない。西山さんはSNSで狩猟

クレーを撃つ瞬間。とてもきれいな射撃姿勢だ。安全な狩猟と成果のために、射撃練習は欠かせない

出猟時の装備。Hykeのハンティングベストとミツウマ（MITSUUMA）のスパイク長靴（岩礁55NS）は愛好家が多い

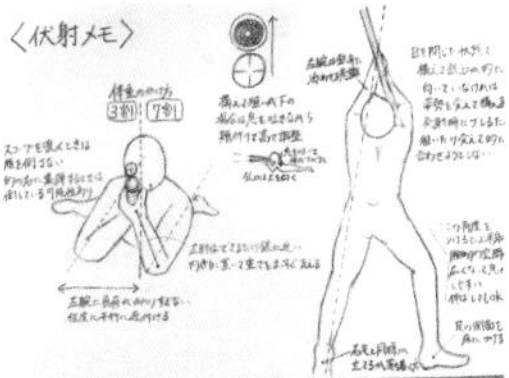

西山さんが書いたメモ。射撃練習会で学んだことをまとめた。脱帽！

（写真／富山龍太郎）
猟期外も狩猟仲間と射撃練習。クレー射撃は鳥撃ちの練習になる

者グループの飲み会情報を見つけ、「初心者ですが参加させてもらえませんか？」と主催者にダイレクトメッセージを送り、参加させてもらえるグループを自分で開拓していった。この積極性こそが、西山さんが〝狩猟の輪〟を広げることができた原動力になっている。

「そこには狩猟や銃の知識が豊富な人たちがたくさんいて驚きました」

参加者に積極的に声をかけたことが功を奏し、早速2日後に行われる射撃練習会に誘ってもらった。狩猟や射撃練習会のお誘いは可能な限り参加し、さらにそこで交友関係を広げる……。こうしていくうちに気の合う仲間ができ、自分のスタイルに合った猟隊に所属することもできたという。

初めての獲物はヒヨドリ

西山さんが初めて獲物を仕留めたのは、狩猟1年目の猟期の最終日となる2月15日のことだった。猟期中、先輩とともに何度も猟場に足を運んだが、獲物を見つけることはできても、なかなか安全に射撃できるチャンスに恵まれなかった。それでも焦ることなく猟場に通い続けた西山さんに、ついにチャンスが訪れた。

西山さんが初めて撃ち落としたヒヨドリ。淡白で癖のない味が特徴の中型の鳥だ

ヒヨドリの焼き鳥とポトフ。右のネギマが西山さんの獲物。他は先輩からお土産にいただいた獲物

見つけたのはヒヨドリ。シチュエーションは完璧だった。「絶対に逃がすものか！」。バクバクする自分の心臓音を聞きながらゆっくりと引き金を引くと、木にとまっていたヒヨドリがバサっと落ちていった。初めての獲物を手にすると「やった、これは私が獲ったんだ！」という喜びでいっぱいになった。しかし、家に持ち帰って精肉作業をしているときに「あぁ、こんな小さな鳥を私は殺したんだな」と実感し、少し怖くなったと西山さんは当時を振り返る。

土曜日は鳥を、日曜日は大物を狙う

会社員である西山さんが狩猟に行くのは、おもに猟期中の土日と祝日だけ。土曜日は仲間とともに郊外の池や田ん

茂みから空気銃で遠方にいる水上のカモを狙う。別位置では仲間が散弾銃で飛び立つカモを撃つ連携プレイ

ぼを回って、さまざまな鳥を撃つ。空気銃と散弾銃のチームに分かれ、2チームで連携して撃つグループでの猟などを楽しんでいる。日曜日は銃砲店店主が取り仕切る猟隊の巻き狩りに参加して、イノシシやシカを狙う。

最初は大型動物だけに興味があったそうだが、いろいろな人と出会ったことで鳥猟の楽しさを知った。狩猟をはじめて3年目には空気銃も手に入れて、仲間と鳥の忍び猟を楽しむこともあるという。もちろん、自分で獲った獲物は料理して食べている。

狩猟を通じて仲よくなった仲間たちとは、猟期外もアウトドアやレジャーを楽しんでいるというから、西山さんにとっての狩猟は、生活に潤いを与えてくれる大切なものだということがよくわかる。

「自然と向き合う時間が好きなので、これからも狩猟を続けていきたいですね。そのためにも射撃場に通って射撃の技術を高め、大型の動物を自分で仕留められるように頑張ります」

Message

狩猟免許を取ったことがきっかけで、私の生活は確実に豊かで楽しいものになりました。狩猟は自分次第でいろいろな楽しみ方ができる、とてもおもしろい世界です。あれこれ考えて迷うより、まずは飛び込んでみたほうがいいですよ！

みんなの狩猟ライフ②　三宅 新さんの場合

〝狩猟仲間〟と協力して効率的な罠猟を楽しむ

三宅新さんは農業を志す京都大学農学部の学生だ。学業のかたわら農園で手伝いをしているが、作業中に獣害が話題になることも多く、狩猟に関心を持つようになったという。

「農作物が食べられるだけでなく、イノシシに地面が掘り返されて農園がむちゃくちゃにされる。農業をするなら獣害対策のために、狩猟も経験しておいたほうがいいだろうと考えました」

もともと大学近くで養蜂をやったり、河原に生えているカラシナの種でマスタードをつくったりと、自給自足にも興味があった三宅さんは、イノシシも自分で獲って肉を食べれば一石二鳥と考え、狩猟をはじめることを決意した。

Personal Data

氏名	三宅 新	年齢	22歳
居住地	京都市左京区	職業	大学院生
免許	わな猟免許		
狩猟歴	2年		
狩猟の現場に立つまでにかかった費用	124,200円		

狩猟免許受験料……5,200円
診断書……5,000円
登録費や猟友会会費……10,000円くらい
罠の道具代……1セット4,000円ほど
見回り用の中古原付バイク……100,000円弱

同じ農学部に狩猟をしている人がいるという噂を思い出し、三宅さんはその人物に声をかけた。同学年の浜中さんだ。学部は同じだが学科が違うため、なんとなく顔は知っている程度だった。浜中さんはその1年前に狩猟免許を取り、先輩に紹介された京都の猟隊に入って罠猟をしていることがわかった。三宅さんも浜中さんにその猟隊を紹介してもらい、訪ねてみることにした。

「猟隊はとてもオープンな雰囲気で、いろいろな話を聞くことができたし、狩猟免許の実技試験のレクチャーをしてもらうことができました」

費用とスケジュールが合わなくて初心者講習会に参加できなかった三宅さんは、このときのレクチャーとプレゼントしてもらったテキストで試験勉強をして、無事に「わな猟免許」を取得することができた。

三宅さんはWWOOF（ウーフ）という農場ボランティアシステムなど通じて、全国各地の農業を手伝いながら学んでいる

シカを狙って罠をかける

初めての猟期を迎えるにあたって、三宅さんは市販の罠を1セットと、狩猟の足となる中古の原付バイクを購入した。

「あとは実家に帰省したときに狩猟に使えそうなものを拝借したり、100円ショップで手に入るもので工夫して道具をそろえました。猟場は浜中君が教えてくれたので、まずはそこに罠をかけることにしました」

お互いの罠を仮設して検証しあう2人（左：三宅さん、右：浜中さん）

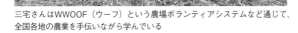

学生寮のカーシェアを利用できない場合は、ラチェットを利用して屠体を木にぶら下げ、その場で解体する

狩猟には車が必須だと思いがちだが、2人は基本バイクだけで狩猟をする

浜中さんは現場で解体処理できるように「川の近く」で、見回りしやすい「バイクでアクセスできる場所」という前提条件を設定。あらかじめグーグルマップで見当をつけた場所を実際にバイクで探し回って、この猟場を見つけたそうだ。

猟師に聞いた話などから、「イノシシが罠にかかったら危険だし、自分には処理しきれないだろう」と考えた三宅さんは、シカを狙って罠をかけることにした。周囲にイノシシの痕跡がないかをしっかり確認しているという。

効率的な猟法を模索

初めて罠にシカがかかっていたときは、「ほんまにかかってる！」という驚きと興奮があったそうだが、すぐに「早くなんとかしないと！」という義務感にも近い焦りの感情が押し寄せてきたという。ネットの動画を見て何度もシミュレーションしていたはずだが、初めての止め刺しはうまくできず、時間がかかってしまった。

「シカにすごく申し訳ない気持ちになりました。シカを川まで運んで内臓出しを終えたときには、精神的にも体力的にもかなり疲弊していましたね」

その後、学生寮に住む友人と浜中さんに連絡を取り、学生寮のカーシェアリング制度を利用して軽トラでシカを運び、寮の敷地内でみんなで解体して肉を食べたそうだ。

狩猟の恩恵である肉が手に入ると、部屋に仲間が集まってちょっとした宴がはじまる。食べ盛りの若者らしく、シカの肉が次々となくなっていく

「このときの経験で、自分でかけた罠に獲物がかかったら、すべてを自分でやらなければならないという当たり前のことに改めて気づかされました」

狩猟3年目を迎えた現在、大学内の狩猟仲間は4名になった。それぞれ独自に狩猟をはじめたのだが、情報交換や一緒に解体をするうちに仲よくなったという。ただ、全員が大学院生となり研究も忙しくなったため、効率的な捕獲方法を模索する必要もあった。

「エサでシカを誘引してくくり罠で捕獲する『小林式誘引捕獲法』という方法も導入し、見回りも交代制にするなど、お互いに時間がある時期に集中して捕獲するようにしています」

また、浜中さんは市販のIoT機器をみずから改造して、罠に獲物がかかるとLINEで通知するシステムを完成させた。こうして工夫しながら狩猟を楽しむというのも、いまどきの狩猟ライフとしてとてもおもしろい。今後はイノシシを自分たちで捕獲するために、銃猟の免許取得に向けて動きはじめたところだ。

三宅さん自作のシカ肉ソーセージ。自家製マスタードと相性抜群。「ミートミンサーは必需品です」

獲物が罠にかかると同時に磁石が外れ、通知が届く仕組み。SORACOMの製品で、費用は10,000円ほど

Message

まだまだ思うようにいかないことが多く、寒い日の見回りで空振りのときは罠をしかけた自分を呪いたくなります。でも、獲物がかかったときのうれしさはやっぱりいいものです。おまけに肉も手に入ります。手続きや用意などを面倒に感じて躊躇するかもしれませんが、やると決めれば意外とできるもの。ぜひトライしてください。

みんなの狩猟ライフ③ 井上杏子さんの場合

箱罠のそばで張り込んで〝弟子入り〟を志願

広島市に住む主婦の井上杏子さんは、知人にもらったイノシシ肉の味に感動。また食べたいと思い道の駅に買いに行くも、その値段の高さにビックリ。「自分で獲ればタダでイノシシ肉が手に入るのでは？」と考え、狩猟をはじめた。

地元の猟友会に問い合わせて免許や手続きについて教えてもらったところ、銃はちょっとハードルが高そうだったので、自分でも比較的手軽にできそうな罠猟に目標を定めて受験。無事に「わな猟免許」を取ることができた。

興味を持ったら一直線の井上さん。自分でイノシシを獲ろうと決めた日から、世界が狩猟一色に。とにかく現役猟師の〝生の情報〟が知りたくて、書

Personal Data

氏名	井上杏子	年齢	36歳
居住地	広島県広島市	職業	主婦（スノーボードインストラクター）
免許	わな猟免許、第一種銃猟免許		
狩猟歴	3年		
狩猟の現場に立つまでにかかった費用	約46,900円		

初心者講習	7,000円
診断書取得	2,200円
試験手数料	5,200円
ナイフ	2,500円
狩猟税・猟友会登録・保険	約30,000円

※銃はまだ持っていない

籍、ブログ、SNSなどをフル活用して情報収集を行ったそうだ。

「あとは近所を歩くたびに、箱罠やくくり罠の札がないか探して回りました。ある日、箱罠が設置してあるのを発見。自分の箱罠でもないのに、それからは暇があれば見回って、獲物がかかっていないかチェックしました」

数日後、ついに箱罠に小さなシカがかかっているのに気づき、井上さんはなんとその場で張り込みを開始。猟師が止め刺しにくるのを待った。しばらくして現れたのは、高齢の猟師2人組。全速力で駆け寄ると「私を弟子にしてください！」と頼み込んだ。「はぁ？　あんた、なんやー!?」と猟師たちが驚いたのも無理はない。井上さんはハイヒールにワンピース姿だったため、彼らは女性が苦情をいいにきたと勘違いしたのだった。

もともとアクティブな井上さんは、性格的にも体力的にもとても狩猟に向いている人なのだろう

熱意で師匠たちを動かす

第一印象はよくなかったが、井上さんの狩猟に対する熱意を感じ取ったベテラン猟師たちは、この2日後に開かれた狩猟者登録会で「この子はわしらが面倒をみますけん、よろしくお願いします」と頭を下げて、井上さんを紹介して回ってくれたそうだ。もちろん、突然話しかけられることを嫌う猟師もいるので、こうした待ち伏せがかならずしも正攻法とはいえないが、井上さんのように〝本気度〟を伝えることで師匠を見つけるという方法は、〝あり〟かもしれない。

実は井上さんは、このときのシカを自分で引き取って、自宅の風呂場で何時間もかけて解体をしたというからすごい。家族の反応が気になるが、夫はため息をつきながら、あきらめ顔だったと井上さんは明るく笑う。

初めての止め刺し

師匠たちと一緒にくくり罠を設置し、罠の見回りにも同行して少しずつ経験を積んでいた井上さんだが、ある日、師匠の箱罠にかかったシカを、ぶっつけ本番で止め刺しすることになった。

師匠の止め刺しを思い出しながらナイフを刺すが、なかなかうまく刺さらない。「ごめんね。苦しませないからね」ということだけを考え、必死にナイフが刺さる位置を探り、なんとか止め刺しをすることができた。

その後、自分のくくり罠にもシカがかかるようになり、井上さんは止め刺しのスキルを高め、師匠の作業場を借りて解体を行うように。新調した冷凍庫はすぐにシカ肉でいっぱいになり、気づけば業務用冷凍庫を4つ追加購入するまでになっていた。

いまでは箱罠2基と囲い罠1基を管理して有害鳥獣駆除をする井上さん。効率化のために遠隔罠発信機も設置済み。最近は誘引に効果的なエサを研究中。師匠が見守るなか、電気ショッカーでイノシシを気絶させ、ナイフで止め刺しした

初めての解体は風呂場だったが、いまでは師匠のガレージで解体をさせてもらっている

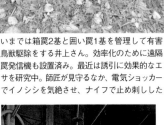

「自分で食べるだけではなく、犬のおやつ用に加工したジャーキーをご近所さんや友人にプレゼントしたら、みんなが喜んでくれるのがうれしくって」

鳥獣被害の大きさや、野生動物が人を襲う危険性を知ったこともあり、井上さんは駆除活動を行うようになった。駆除をすれば農家が喜んでくれるし、お礼をもらったりもするのもやりがいになっているという。2人の師匠のほかに主婦の友だちも加わり、現在は4人で駆除活動をしているという。

「本格的に有害鳥獣駆除活動をはじめてみて、罠によるイノシシの駆除は危険性が高いと肌で感じたこともあり、止め刺しには銃を使うことにしました」

狩猟ライフ3年目にして「第一種銃猟免許」と「銃所持許可」を取得。最近は「少しでも先輩猟師に近づけるように頑張りたい」と、射撃場に通い、家で銃の構えを練習しているそうだ。イノシシ肉がきっかけではじまった井上さんの狩猟への興味は、どこまでも広がっていきそうな気配だ。

銃を取得したばかりの井上さん。標的射撃の練習をして大型動物の止め刺しに備える

Message

狩猟をやってみたいと思っても、何から動いたらいいのかまったくわからず諦めがちですよね？　でも、一歩踏み出せば先輩猟師が親切に教えてくれます！　先輩猟師と一緒に山を歩いて獣の痕跡を見つけるだけでも、すごく楽しいですよ(*^^*)♡

Column 01

動物の気配を感じる暮らし

移住してきてすぐのこと。初雪が積もった日の朝、玄関を開けると小さな動物の足跡があった。庭先から玄関前までやってきたウサギの足跡だった。「ウサギのお客様がくるなんて、やっぱり田舎ってすごいな」と感動したものだ。

その後、私は猟師になり、山に入って毎日動物を追うようになった。いまでは音やニオイといった五感だけではなく、第六感のようなものもなんとなく働くようになった気がする。そのせいだろうか、普段でも無意識に動物の痕跡や気配に意識が向くようになった。

実は庭先への来訪者はウサギだけではなく、ネズミのように小さな動物からアナグマのような大きな動物まで、確実に把握しているだけで8種類以上いることがわかった。鳥類に関しては無限で、なんとフクロウがわが家の屋根をデートスポットにしているようだ。目の前の小さな庭をみんなが利用しあって暮らしている。実は私もその一員……そんな感覚ともいえそうだ。

都会に住んでいたころは、動物なんてノラネコとネズミくらいしかいなかったし、それだってめったに見かけることはなかったけれど、もしかしたらもっとたくさんの生き物が夜な夜な活動していたのかもしれない。そう思うと、もう一度都会に住むのもおもしろそうな気がしなくもない。

閑静な住宅街や無機質なビル群だと思っていても、実はそこも動物たちのパーティー会場なのかもしれない。みなさんもよく観察して動物の痕跡を探してみてはいかがだろうか。

箱罠につかまってしまったタヌキ。愛嬌のある顔でこちらを見つめているのが、とてもかわいらしい。このあとリリースした

目の前の小さな庭に
たくさんの動物が
やってくる

Chapter

02

狩猟に興味を持ったら

狩猟に興味を抱いたらやるべきこと、それが情報収集だ。自治体の担当窓口では狩猟者を増やすためのサポートをしているところも多いので、ぜひ問い合わせてみよう。

Are you interested in hunting ?

狩猟の情報を集める

まずは行政窓口に問い合わせる！

情報を集める3つのステップ

Step 1

都道府県庁の窓口に問い合わせる

「狩猟免許について
問い合わせたい」
「サポート制度
ありませんか？」

- HPをチェックして情報を調べてみよう。わからなければ代表番号に電話して「狩猟免許について教えてほしい」と伝えれば、担当につないでくれる。
- 狩猟免許に関する情報だけではなく、「狩猟体験ツアーや補助金などのサポート制度がないか？」も聞いてみよう！

Step 2

市区町村の窓口に問い合わせる

- 居住している自治体の役場に電話し、獣害対策の「担当者」に直接問い合わせるのがポイント。
- 有害鳥獣駆除目的の人はサポートを受けられる可能性が高いので、かならず問い合わせよう。
（補助金制度などは受験する前に申請しなければならないものもある）
- 行政による狩猟関連のサポートが薄い大都市の場合、Step 3へ。

Step 3

猟友会や銃砲店に問い合わせる

● 猟友会都道府県支部

各都道府県に猟友会支部があり、事務局が設けられている。猟友会会員以外の人でも、狩猟に関する問い合わせには丁寧に対応してくれる。また、最寄りの銃砲店の情報などもここで教えてくれる。

大日本猟友会HP
http://j-hunters.com/

● 銃砲店

銃を所持する予定の人は、最寄りの銃砲店に連絡をして狩猟に関する情報を収集するのもいい。銃砲店は銃所持者が集まるところなので、さまざまな情報や人脈を豊富に持っている。

狩猟に興味を持ったら、まず行政の窓口へ問い合わせてほしい。行政の狩猟関係の担当者は、情報や資料、人脈なども多く持っているので、なにかと心強いサポートが期待できる。具体的には、狩猟免許試験を実施している各都道府県庁に問い合わせれば、狩猟に関する各種情報を得ることができる。

次に問い合わせるのが、居住している市区町村の役所の担当窓口だ。とくに有害鳥獣駆除での狩猟をしたいと考えている人は、ぜひ免許申し込み前にしてほしい。免許取得費用の補助金制度が適用される可能性に加え、担当者から狩猟をはじめるのに役立つ情報を得られる可能性も高いからだ。

近隣に狩猟ができる場所のない大都市周辺は行政のサポートが薄い可能性もあるので、猟友会や銃砲店などで有用な情報を集めるのが現実的だ。

こんな資料を集めることができる！

私が過去に集めた、県と市の窓口でもらった資料の一部。市役所では地元の猟師を紹介してもらい、現場を見学するチャンスを得ることもできた。

- ハンター養成スクールの案内
- ベテラン指導者紹介事業の案内
- 新規狩猟者参入促進補助金の案内
- 狩猟免許試験のおしらせ
- 狩猟免許試験のポイント
- 有害鳥獣駆除の概要
- 有害鳥獣捕獲担い手育成事業
- 鳥取県猟友会への案内

ほかにも解体研修のチラシなどもいただいた記憶がある。

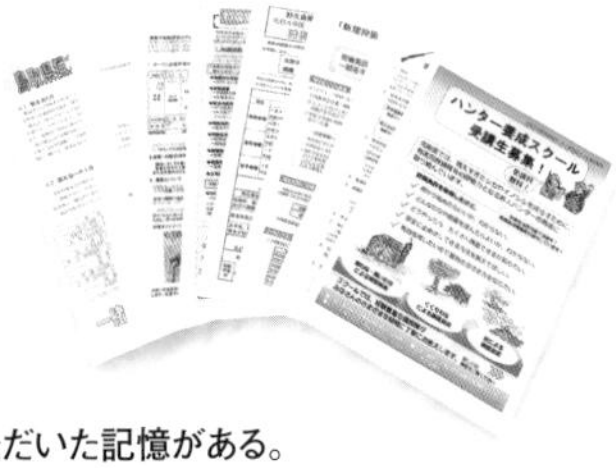

Tips 先輩猟師たちに聞いた「有益な情報入手先」

- 地元猟友会
- 銃砲店
- ジビエ系フェスタ
- 射撃場
- 役所
- 地域の人
- 書籍
- ブログ
- SNS（Twitter、Facebook）
- SNSオフ会

将来の顧客でもあるハンター予備軍に対して、銃砲店では親切に対応してくれる。銃や射撃だけでなく、狩猟全般の知識と経験が豊富な店主が実践的な話を教えてくれるはず。事前に電話してから行こう。写真は私もお世話になっている岡山県津山市の江口銃砲店

プチ狩猟体験①

狩猟体験ツアーに参加しよう

狩猟に興味はあるが、本当に自分に狩猟ができるのか不安に思う人も多いはず。そんな人は狩猟免許取得前に、ツアーに参加して狩猟を疑似体験してみるという手もある。最近は全国各地で猟友会や解体施設、社団法人などさまざまな団体による「狩猟体験ツアー」が開催されていて、狩猟免許を取得していなくても参加できるものもある。

罠で獲物を捕獲して止め刺しを見学するものや、実際に猟師と一緒に山を歩いて動物の痕跡を探すもの、巻き狩りの現場に見学参加するものなど、ツアーの内容も多彩。参加費は無料のものもあれば、宿泊と食事付きで10万円を超えるものもある。

狩猟体験ツアーのポイントはココ！

- 一定の安全が保障されるので安心（保険料込みも多い）
- 主催者が道具など準備をしてくれるので気軽に参加できる
- 初心者同士で仲よくなれる
- より充実した内容のツアーは料金が高い傾向にある

青森県猟友会が主催するツアー。抽選だが参加費用の安さは魅力。地元の猟師と知り合える可能性も高く、狩猟仲間ができるかも？

女性ハンターの団体が主催するツアーなので、女性でも安心して参加できそう。定員10名なので濃厚な体験が期待できる

京都ジビエハンターアカデミー（1日コース）

狩猟歴30年以上というジビエ処理加工施設を経営するハンターが行うツアー。ジビエコーディネーターとして全国各地で研修や講演も行っている指導のプロであり、狩猟者育成に力を入れている。話の内容もおもしろく、初心者にもわかりやすく教えてくれる。一流の指導者に学ぶ価値は大きいと思う。

【スケジュール】

- 09:00- オリエンテーション
- 09:30- 座学（狩猟の知識）
- 10:30- 施設見学（施設での解体）
- 11:30- 罠の設置（罠の構造から設置の説明）
- 12:00- ジビエ昼食
- 13:30- 猟場実習
  足跡の見分け方・罠の見回り・罠設置方法・獲物があれば止め刺し・運搬
- 17:00- 終了

ベテランハンターの指導のもとで、狩猟に必要な基礎知識を学ぶ。座学だけでなく、止め刺しなど実践的な技術も教えてもらうことができる。解体なども学ぶ2日コースもある

【参加費】

1人：55,000円
（グループは1人追加につき11,000円追加）
※昼食代金含む、お土産付き

【主催】

鹿肉のかきうち
https://www.shikaniku-kakiuchi.com/

プチ狩猟体験②

ツテを頼って狩猟の現場を見学する

より本格的な狩猟の世界に触れてみたいという人は、ツテを頼って狩猟の現場を見学するという方法もある。ここでいう〝ツテ〟とは人と人とのつながりのことで、わかりやすく表現すれば〝友だちの輪〟といってもいい。

前述したように、私の場合は公民館の人から紹介された猟師さん、さらに市役所職員の人のツテを頼ってベテラン猟師の人を紹介してもらい、トントン拍子でさまざまな経験を積むことができた。自分が気づいていないだけで、助けてくれる人は案外近くにいるもの。臆せず相談してみることが肝心だ。

この経験が現在の狩猟活動の大切な礎となっているのは間違いないし、いろいろな現場を見ることができたからこそ、そのあとの狩猟免許や銃所持許可を取得するための苦労も乗り越えられたのだと思う。

銃砲店に猟隊を紹介してもらう

ここで紹介する鈴奈さん（首都圏在住・20代）の一連の行動は、とてもシンプルだが参考になるケースといえる。

狩猟免許を取得する前に現場を体験したいと考えていた鈴奈さんは、まず近くの銃砲店に電話で相談し、地元の猟隊を紹介してもらうことができた。猟隊の代表に電話を入れて自分の想いを伝えると、ラッキーなことに巻き狩りの見学が許され、猟期中の日曜日に行われる巻き狩りに見学参加させてもらうことができた。当日は獲物を求めて実際に猟師たちと一緒に山を歩き回り、帰りにはその日の猟で獲れたシカ肉をお土産にいただいたそうだ。

事故を恐れて見学を断る猟師が多いなか、オープンな運営をしている猟隊を紹介してもらえたのは幸運だが、貴重な経験ができた原動力は「狩猟の現場を自分の目で見たい」という鈴奈さんの〝強い思い〟だったと私は思う。

銃砲店にはこうした猟隊の情報なども集まってくるし、紹介してもらえる可能性も高いので、あまり敷居を高く感じないで、まずは勇気を出して問い合わせてみてほしい。

1 鈴奈さんはその後も何回か巻き狩りを見学し、第一種銃猟免許を取得することを決意したそう
2 山の中では常に緊張した様子だったが、獲物捕獲後の休憩になると笑顔になった鈴奈さん
3 狩猟前の独特の雰囲気を肌で感じながら、猟師たちと一緒に猟場までの山道を歩く
4 ベテラン猟師に犬のGPS情報を見ながら現在の状況を教えてもらっている
5 実猟道具に囲まれながら、ベテラン猟師の体験談やアドバイスを聞けるのは得がたい体験だ

実猟を見学するときのポイントと注意点

猟師にとって見学の場を提供することは一種のボランティアのようなもの。狩猟の現場での危機管理は見学者の自己責任ということを忘れずに、くれぐれもルールを守って勝手な行動は慎み参加させてもらおう。

見学のメリット
- より実猟に近い体験ができる
- 免許取得後、そのまま実猟に入りやすい

見学の不安点
- どんな人を紹介してもらえるのかわからない
- 危険な場面に遭遇する可能性がある

見学の注意点
- 気をつけるべきことを事前に聞いておこう
- 1日掛け捨てタイプの山岳保険などに入っておくこと

Column 02

罠シェアリングという活動

東京都心に住む友人に「狩猟免許を取る前に狩猟体験してみたい」と相談を受けた。うち（鳥取）に遊びに来ればいいのではと思ったが、会社員の友人は土日しか滞在できない。高い交通費を出してわが家に来てもらっても、その日に獲物が必ず獲れるわけでもない。運が悪ければ罠をかける様子と見回りだけで終わることになる。

なにかよい方法がないものかと探して行きついた答えが、罠シェアリングだった。これはメンバーが少しずつお金を出し合って罠を購入し、それをみなで共有して一緒に捕獲を行うというもので、ここ数年、全国各地に罠シェアリングの団体が増えつつある。見回りなどの運営方法は団体によって異なるが、解体作業や肉などをメンバーでシェアするという方針はどこも共通のようだ。

その友人が興味をもったのは、カリラボの「ワナシェア」というサービスだった。罠の設置場所選定や設置・メンテナンス、捕獲後の処理などをメンバーで協力して行う。直接的な罠の設置や止め刺しなどは狩猟免許を所持したメンバーしか行えないが、免許がなくても現場で手伝うことはできる。罠周辺にトレイルカメラを設置しているので、動物が罠に近づけばその画像が自動的にメールで送信され、現地のメンバーからはSNSで現地の様子や報告も送られてくる。こうした情報をもとにして、みんなで意見を出し合って捕獲作戦を立てるという。

なんだか楽しそうでいいなと軽い嫉妬を感じながら、友人の報告を楽しみに待っている。

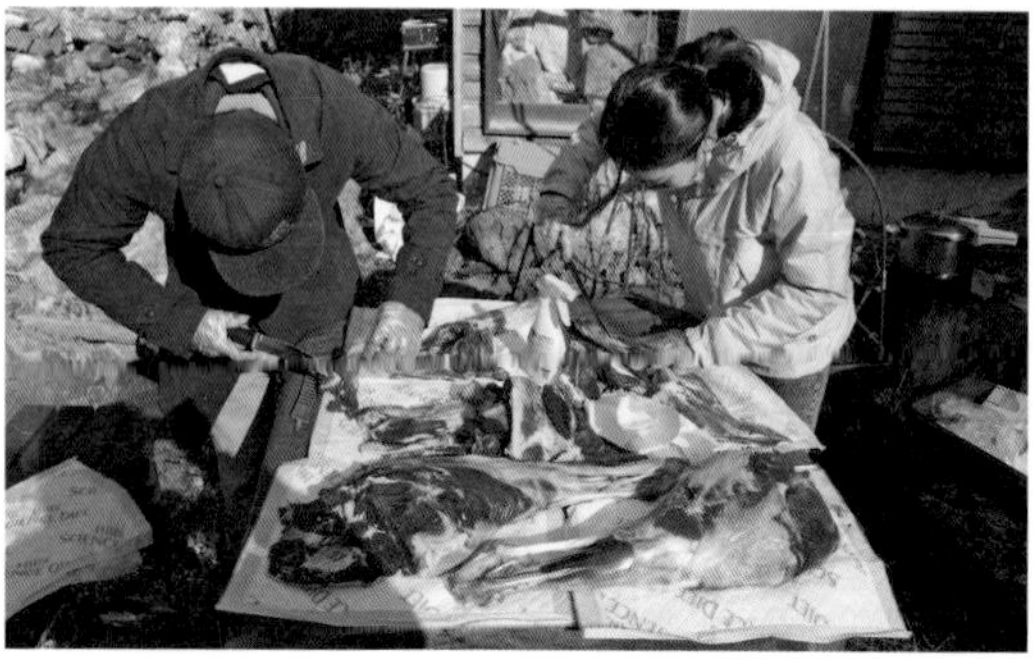

ワナシェアで捕獲したシカは当日都合のつくメンバーで解体し、肉はみんなで仲よく分け合う

**協力して罠をかけ
みんなで
肉をシェアする**

カリラボ
https://karilab.co.jp/

Chapter

03

狩猟スタイルを見つける

自分に向いている狩猟スタイルが見つかれば、それに向けた計画を効率的に進めることができる。ここでは罠と銃を使った8つの猟法について詳しく解説する。

Find your hunting style!

自分に合った猟法とは?

向いている狩猟スタイルを見つけよう!

自分に向いている狩猟スタイルを見つけるには、まず「どんな狩猟をやりたいのか」を考えることが先決かもしれない。しかし、居住地やライフスタイル、職業などによる制約があるのも事実だし、狩猟の経験も知識もない人間がそれを見極めるのは、なかなかハードルが高いかもしれない。

かくいう私も、最初は自分にどんな狩猟スタイルが向いているかなんて全然わからなかったし、興味のあるものに次々と手を出していったら、現在のスタイルにたどり着いたというのが正直なところだ。ということで、ここでは私の経験と独断をもとに、狩猟スタイルを8つに分類し、その猟法がどんな人に向くのかというチャートテストにまとめてみた。あくまでも〝目安〟として、気軽にやってみてほしい。

楽しむ狩猟と作業の有害鳥獣駆除

私の場合、正式な狩猟のシーズン(猟期)の冬場は、純粋に「狩猟を楽しむ」ことにしている。友人と2人で散弾銃を持って池や藪といったポイントを回り、カモやキジを獲る「流し猟」のほか、狩猟仲間と山ひとつを囲って猟犬を使ってイノシシを狙う「巻き狩り」や、猟犬を連れてひとりで山に入ってシカを狙う「一銃一狗」と呼ばれる猟法など、そのときの気分や天候などに合わせて、いろいろなスタイルで狩猟を楽しんでいる。

一方、春から秋にかけては有害鳥獣駆除シーズンなので、効率よくひとりで捕獲することを重視して、「くくり罠」と「箱罠」をメインにしている。やっていることは狩猟と同じと思うかもしれないが、楽しむという感覚ではなく、あくまでも淡々とひとりで罠を仕掛けて、見回りを行い、獲物がかかっていたら止め刺しをするという「作業」を繰り返している。

それでも平均して年間130頭以上のイノシシとシカを捕獲し、副業として収入も得ているので、これもいまや完全に私の狩猟スタイルの一部になっているのである。

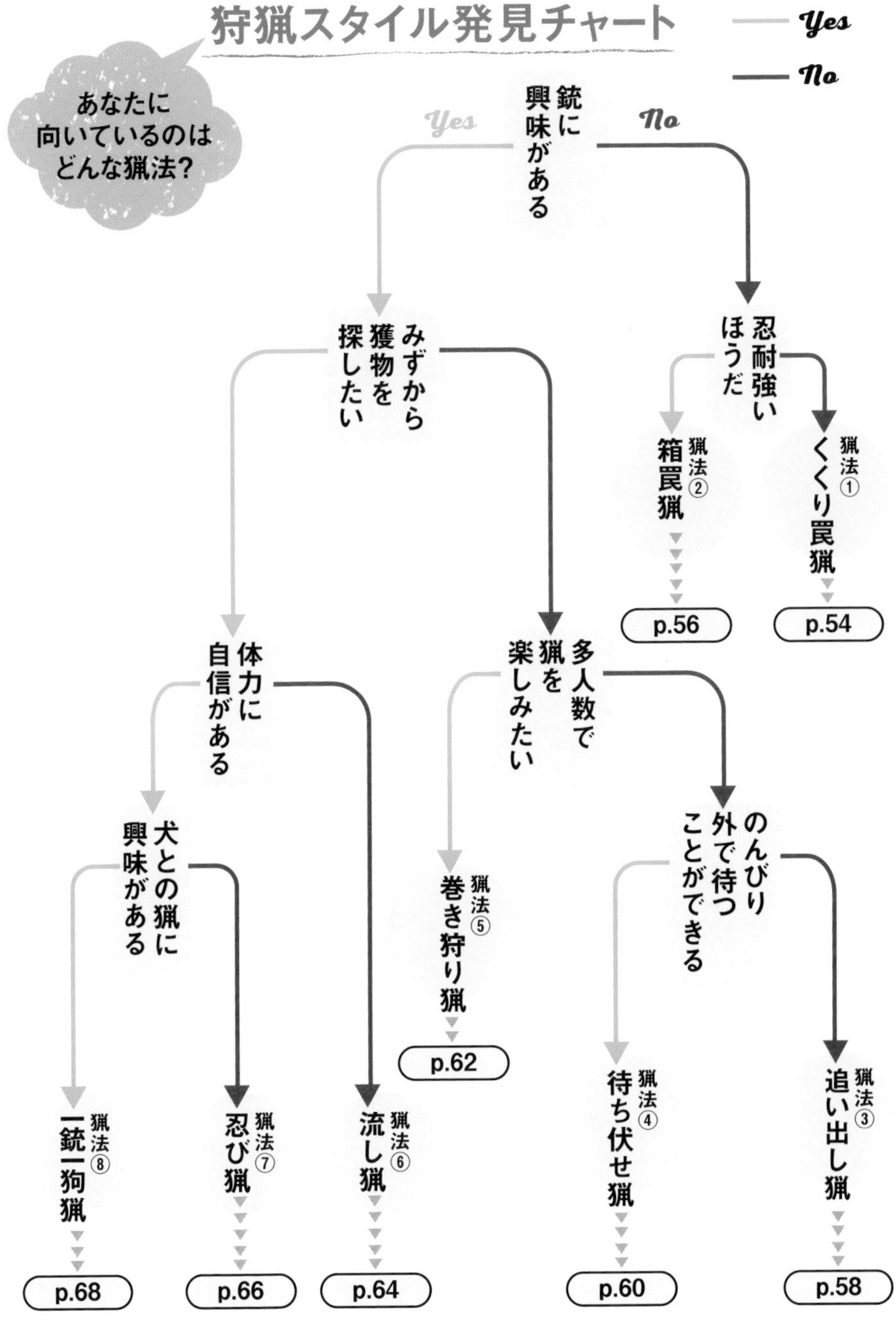
狩猟スタイル発見チャート
Yes
No
あなたに向いているのはどんな猟法?
銃に興味がある
Yes
No
みずから獲物を探したい
忍耐強いほうだ
猟法② 箱罠猟
p.56
猟法① くくり罠猟
p.54
体力に自信がある
多人数で猟を楽しみたい
犬との猟に興味がある
のんびり外で待つことができる
猟法⑤ 巻き狩り猟
p.62
猟法⑧ 一銃一狗猟
p.68
猟法⑦ 忍び猟
p.66
猟法⑥ 流し猟
p.64
猟法④ 待ち伏せ猟
p.60
猟法③ 追い出し猟
p.58

狩猟スタイル①

いまや狩猟の
メインストリームの猟法

くくり罠猟

くくり罠猟は「わな猟免許」を取得すれば行うことができる、私がメインにしている猟法でもある。次に紹介する箱罠同様、有害鳥獣駆除における主流の方法で罠猟の花形だ。

罠猟の中でも、くくり罠は経済的で一番手軽に始められる猟法のひとつだ。イノシシやシカなどの大物用であれば罠1セットが4000円〜6000円、ウサギなどの中型獣用であれば2000円くらいで購入できる。

しかし、箱罠に比べるとくくり罠は獲物へのストレスや負担が大きく、手負いを生みやすい。罠をかけたら獲物がかかっているかどうかを毎日確認しなければならないので、罠をかけた場

くくり罠猟の基本データ

必要な狩猟免許	わな猟免許（第一種銃猟免許もあると安心）
有害鳥獣駆除	最適
難易度	★★☆☆☆
捕獲できる獲物	シカ、イノシシ、ウサギ、アナグマ、アライグマなど
猟の概要	ワイヤーで獲物の足や胴をくくって捕獲する方法。動物が通る確率が高いところ（獣《けもの》道《みち》）を選び、動物に気づかれないよう罠を設置する。動物が罠を踏むと仕掛けが作動し、バネがワイヤーを引き絞って足がくくられるタイプを選ぶ人が多い。有害鳥獣駆除でも最もポピュラーな捕獲方法になっている。
猟のポイント	安定して捕獲できるようになるためには、ある程度の習熟が必要。また、獲物は罠にかかっても生きているので、止め刺しの技術も必要になる。大きなイノシシなどを止め刺しする場合は、威力の高い空気銃か散弾銃を使う人も多い。野生動物の生態を理解するための観察眼を持ち、いかに動物をだまして罠にかけるかを自分なりに考え、工夫していく点がとてもおもしろい。

1 くくり罠で捕獲した大きなイノシシ。危険なので遠方から銃で止め刺しした。2 くくり罠にかかったシカ。回収を考えて林道より高い位置で捕獲。3 設置中のくくり罠。獲物にバレないよう土などで覆う。4 くくり罠にかかったアライグマ。中型動物も捕獲可能だ。5 くくり罠で捕獲したイノシシが暴れて周囲を激しく荒らしている

所の見回りが必要。また、イノシシなどの大きな獲物がかかったときに、どうやって止め刺しするのかも考えておく必要がある。止め刺しの方法については6章で解説するが、罠にかかって興奮している大型のイノシシや角があるオスジカは本当に危険。止め刺しの前後に獲物の攻撃によってケガをしたり、命を奪われたりするといった事故が、毎年何件も発生している。

くくり罠は野生動物との知恵比べでもある。獲物が出没しそうな場所を見極めるためには、足跡や糞といった痕跡から彼らの行動を読む必要があるし、気づかれないように罠を設置するためには、カモフラージュなどの工夫もいる。さらに獲物の捕獲率を上げるために、罠の改良や自作にまで興味を持つようになると、くくり罠猟はより奥深いものになるはずだ。

狩猟スタイル②

安全にいろいろな獲物を捕獲できる猟法

箱罠猟

箱罠猟の基本データ

必要な狩猟免許	わな猟免許		
有害鳥獣駆除	最適	難易度	★☆☆☆☆
捕獲できる獲物	シカ、イノシシ、アナグマ、ハクビシンなど		
猟の概要	おもに鉄などの金属でできた箱状の罠に、獲物を誘引して捕獲する。有害鳥獣駆除ではポピュラーな捕獲方法のひとつで、小型〜大型獣まで多様な獲物を捕獲できる。定期的な見回りとエサやりが必要になるが、獲物の脚などをくくるくくり罠ほど厳格に見回る必要がないし、逆襲される危険性も低い。		
猟のポイント	獲物を箱罠へと誘引するためには、どんなエサなら寄ってくるのかを予想し、罠からエサを撒く場所までの距離なども状況に応じて変える必要がある。また、扉を落とすトリガーの仕掛けの工夫なども必要なので、獲物との頭脳戦となる。銃がなくても、電気ショッカーなどで比較的安全に止め刺しできるので、初心者がはじめやすい。		

箱罠は檻のような金属製の箱に獲物をエサなどで誘引し、獲物が中に入って仕掛け（トリガー）が作動すると、扉が落ちて閉じ込めるというシンプルな仕組みの罠だ。箱罠猟は「わな猟免許」を取ればはじめられる。くくり罠同様、有害鳥獣駆除で主流の猟法で、農家や自治体にも人気がある。

檻に獲物を閉じ込めるので反撃を受ける危険性が低く、止め刺しも比較的安全に落ち着いてできる。捕獲が禁止されている動物がかかった場合でも、扉を開けるだけで安全に逃がすことができるというメリットもある。小型の箱罠であれば場所を選ばないので、初心者にオススメしたい猟法だ。箱罠で

1 電気ショッカーで気絶させる様子。電気ショックとはバッテリーから給電したプラスとマイナスの電極針を、獲物に突き刺して感電させる方法。頑丈な檻のおかげで落ち着いて処理ができる。間近で獲物の様子を観察することもできる。2 大きいイノシシはワイヤーで上あごを保定してから止め刺しする

庭先に設置した中型の箱罠でハクビシンを捕獲。罠ごと運べて撤収もラク。錯誤捕獲しても扉を開けるだけなので初心者向け

40kgと30kgのイノシシを同時に捕獲したときの写真。一度に複数の獲物を捕獲できるのは箱罠のメリットといえる

捕獲できる獲物の種類は多く、エサなどで誘引できる狩猟対象獣であれば大抵のものが捕獲できる。

箱罠の値段は、イノシシ、シカなどの大型獣用は、大きくて頑丈なものだと10万円前後するが、繰り返し使うことができる。ヌートリアやハクビシンといった小～中型獣用のものは4000～1万円程度で、地方であればホームセンターなどでも購入可能。大型の箱罠は軽トラなどで設置場所まで運ぶ必要があるので、そのあたりのことも考えておく必要がある。

獲物をエサでおびき寄せて箱罠に入れるだけと聞くと、単純に思えるかもしれないが、実はこれがなかなか難しい。獲物が現れそうな場所を見極めて、好みそうなエサを選定し、忍耐強く撤き続ける。実は最も根気が求められる猟法といえるかもしれない。

狩猟スタイル③

人と犬がチームで獲物を追い出す猟法

追い出し猟

追い出し猟は基本的に犬や人を使って鳥獣を藪や茂みなどから追い出し、出てきたところを銃で撃つという猟法だ。散弾銃を使うので「第一種銃猟免許」が必要になる。多人数で行う「巻き狩り猟」も追い出し猟の一種だが、詳しくは後述する。

追い出し猟の代表例は、猟犬を使う鳥猟だ。ポインターやセターといった「鳥猟犬」を使って、キジ、ヤマドリ、コジュケイ、カモなどを狙う。中世ヨーロッパの貴族が娯楽として楽しんだのがはじまりとされ、狩猟の王道のひとつともいわれる。

この猟法の魅力は、なんといっても人と犬が一体となって狩猟をすること

追い出し猟の基本データ

必要な狩猟免許	第一種銃猟免許		
有害鳥獣駆除	あまり適さない	難易度	★★★★★
捕獲できる獲物	キジ、コジュケイなどの鳥、シカやイノシシも可能		
猟の概要	野山にイノシシやシカが多くなったのは最近のこと。かつてはウサギやヤマドリ、キジ、カモなどが狩猟の中心だったため、犬を利用した追い出し猟が盛んだった。鳥猟犬（ガンドック）を利用した鳥猟は、どちらかというとゲーム性が強い狩猟スタイルでもあり、狩猟本来の醍醐味を堪能できるダイナミックな猟法といえる。		
猟のポイント	追い出し猟には獲物が潜む場所を探索し、追い出す猟犬が欠かせないので、まずは優秀な血統の猟犬を育てて訓練することが前提となる。ハンターには射程距離に捉えた獲物を正確に撃つ射撃能力も必要となるので、銃のスキルも求められる。禁止区域から狩猟可区域へ獲物を追い出して行う狩猟は違法なので、くれぐれも注意してほしい。		

1 ミニチュアダックスは鳥猟犬種ではないが見事な追い出しをする。訓練された優秀な猟犬は猟果をもたらしてくれる存在。2 世界最高峰の鳥猟犬エルフューポインターとキジを片手に持つハンター。3 ブリタニースパニエルと獲物のコジュケイ。4 獲物を発見しポイントして主人に知らせる猟犬。5 フランスブルトンと仕留めた大きなキジ

にある。鳥猟犬は獲物を探索し、うまく獲物を探しあてたら静止してその方向を見つめるなどして主人に知らせる。ハンターは安全に射撃できる位置を確保したら、犬に追い出しを命令して銃を構え、獲物が飛び立ったらそれを狙って撃つ。みごとに命中したら、犬がその獲物を回収するというのが猟のひとつの流れになっている。

　まさに人と犬がチームになって行う〝共猟〟であり、この狩猟スタイルに憧れる人は多い。しかし、まず優れた猟犬に出会い、それを訓練しながら大切に育てることが先決。散弾銃による鳥猟が安全にできる猟場も探さなければならないため、銃や猟に不慣れな初心者にとってはかなりハードルが高い。鳥猟犬のグループなどに入って、撃ち手として参加させてもらうといった方法もある。

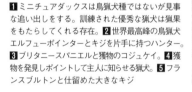

狩猟スタイル④

射程距離に出現した獲物を狙う猟法

待ち伏せ猟

待ち伏せ猟の基本データ

必要な狩猟免許	第一種銃猟免許、第二種銃猟免許		
有害鳥獣駆除	適している	難易度	★★☆☆☆
捕獲できる獲物	シカ、イノシシ、カモ、キジ、ヒヨドリなど		
猟の概要	獲物が来るのをひたすら待ち、射程範囲に入ったら銃で仕留める猟法。大型獣には第一種銃猟免許が必要。鳥類であれば、第二種銃猟免許でもよい。笛（コール猟）、等身大の模型（デコイ猟）、エサなどでおびき寄せる方法もあるが、キジやヤマドリの場合、笛やボイスレコーダーなどによる呼び寄せは禁止されている。		
猟のポイント	のんびりと猟を楽しみたい人、こまめに下見ができる人、スナイパータイプの人に向いている。初心者にオススメなのは、空気銃でヒヨドリ、キジバト、カモなどの鳥類を狙う待ち伏せ猟。山奥に入る必要もないので、都市部近郊の人でもチャレンジしやすい。鳥類の行動は季節で変化していくので、天気や時間帯も考慮して猟場を探すのも楽しみのひとつ。		

獲物が現れるのを待ち伏せし、獲物が射程範囲に入ったら発砲するというのが、待ち伏せ猟の基本的なやり方。シカやイノシシといった大型獣を狙うのであれば、散弾銃を撃てる「第一種銃猟免許」が必要で、主に空気銃で鳥猟だけをやるというのなら「第二種銃猟免許」でOK。

当然、獲物がやってこない場所で待っていても意味がないので、待ち伏せ猟では下見がとても大切になってくる。下見の際は獣《けもの》道《みち》や動物の痕跡を探すだけでなく、安全に発砲するための位置や角度を確認しておく。実猟のときの精神的な余裕も違ってくるからだ。

一方、待ち伏せ猟とはいっても、必

鳥に気づかれないようカモフラージュしたテントで静かに鳥を待つ。空気銃でじっと射撃タイミングを計っている

1 アウトドアを楽しみながらのんびりと鳥猟。鳥が飛んで来たところを撃つ。
2 シカのコール猟。発情期中のオスのシカはシカ笛の音をライバルの鳴き声だと勘違いし、鳴き返しながら近くまでやって来る。撃ち手は潜んでシカを待ち、射程内に入ったところを撃つ

ずしも〝待つ〟だけでない。鳥獣の習性を利用して、獲物がこちらにやってくるように仕向けるという猟の方法もある。たとえば「コール猟」と呼ばれる猟法は、特殊な笛を使って鳥獣の鳴き声をまねておびき寄せるというもので、オスジカの発情期である秋に鹿笛を使って行われるものが有名だ。コール猟はシカだけでなく、カラスやカモ類などの鳥猟でも行われている（キジやヤマドリは禁止）。

　また、デコイと呼ばれる実物大の模型を使って鳥を呼び寄せるデコイ猟という猟法もあり、日本では主にカモ猟でよく行われている。

　コーヒーを飲みながらのんびりと獲物を待っていた次の瞬間、ふいに獲物が出現して一気に緊張感が走る。待ち伏せ猟のこの緩急の変化が、私にはとても刺激的なのである。

狩猟スタイル⑤

チームプレイで獲物を獲る集団猟法

巻き狩り猟

巻き狩りは、犬などを使って獲物を追い出す勢子《せこ》と、追い出された獲物を待ち構えて撃つ撃ち手のタツマ（立間）という役割分担のもと、チームプレイでシカやイノシシなどを捕獲する猟法だ。散弾銃を使うので「第一種銃猟免許」が必要となる。

　巻き狩りは全国的に広く行われている猟法だ。地域によってそのやり方には違いがあり、タツマという呼び方もタツ、タチ、待子《まちこ》など地域によって異なる。しかし、広いエリアを囲むように多人数の撃ち手を配置し、そこに向けて人や犬が内から獲物を追い立てていき、撃ち手が獲物を銃で仕留めるという基本は変わらない。

巻き狩り猟の基本データ

必要な狩猟免許	第一種銃猟免許		
有害鳥獣駆除	適している	難易度	★★★☆☆
捕獲できる獲物	シカ、イノシシなど		
猟の概要	獲物を犬と一緒に追い立てる勢子と、それを待ち受けて撃つ複数のタツマによる集団猟。勢子ひとり＋タツマ4人の5人チームでも成り立たないことはないが、広範囲の山を巻くために10人〜20人ほどの人数で行われるケースが多い。追い立て役に犬を使わない「人勢子」のほか、最近はドローンなども使われはじめている。		
猟のポイント	単独猟よりもチームでの猟に興味がある人にオススメ。経験豊富な猟隊メンバーからさまざまなことを学ぶきっかけにもなるので、狩猟経験の少ない初心者が猟に慣れるという意味でも、参加してみる価値はある。あくまでも成果を追い求めるグループ、猟のあとの打ち上げに重きを置くグループなど猟隊には個性があるので、自分に合った猟隊を選ぶのがポイント。		

❶事前のミーティングで持ち場や作戦などを確認する。事故を防ぐためにも重要だ。❷GPSも使って持ち場を確認。❸無線で流れてくる情報を聞きながら、獲物がやってくるタイミングを待つタツマ。❹獲れた獲物はみんなで解体してシェア。これが巻き狩りの醍醐味のひとつ

巻き狩りはあくまでも「チームで獲物を獲る」猟法なので、リーダーである猟隊長（親方）や勢子長がチームを統率する。したがって、勝手に持ち場を離れたりすることは、自分だけでなく仲間を危険にさらしてしまうことになる。ひとりで気ままに猟をしたいという人には向いていない。

巻き狩りに参加する新人は、まず見習いを経てタツマとして猟隊デビューするのが一般的。与えられた持ち場で獲物がやってくる可能性が高いポイントを考え、安全に撃てる場所を選定する。猟では勢子からの無線情報や犬に装着したGPS情報も活用するので、それらをもとに獲物と勢子の位置を予測しつつ、ドキドキしながら感覚を研ぎ澄ませ、獲物が現れたら撃つ！　みごとに仕留めた瞬間の楽しさは、病みつきになること必至だ。

狩猟スタイル⑥

自由気ままに猟場を移動する猟法

流し猟

流し猟の基本データ

必要な狩猟免許	第一種銃猟免許、第二種銃猟免許		
有害鳥獣駆除	適している	難易度	★★☆☆☆
捕獲できる獲物	鳥獣類全般		
猟の概要	銃で行う狩猟方法だが、自分のレベルやライフスタイルに合わせて猟ができるので、銃に不慣れな初心者や体力に自信がない人でもはじめやすい猟法。とくに空気銃で鳥を狙う流し猟は、経験を積めば1日で多種類の鳥獣を捕獲できるので、初心者にオススメ。ただし、獲物を発見できないと狩猟にならないのが難点。		
猟のポイント	ひとりでのんびり転々と猟をするもよし、友人と数名で一緒にワイワイ猟をするのもよし。自由気ままな猟法だ。空気銃による鳥猟であれば、都市部近郊の人でも気軽に楽しめる。車を持っていない人はカーシェアを利用する手もある。ただし、銃猟をしてもよい場所なのかをハンターマップで細かく確認し、周辺住民に配慮した狩猟をしてほしい。		

〝流し〟とは自動車などの移動手段を使って、狩場を転々と移動することを意味する。そこで獲物を見つけたら射撃して、獲物を捕獲する狩猟スタイルを「流し猟」と呼ぶ。空気銃だけを使うのなら「第二種銃猟免許」、散弾銃も使うのであれば「第一種銃猟免許」を取得する必要がある。

流し猟の最大の特徴は、なんといっても「気楽にマイペースでできる」ということだろう。単独猟ならだれにも気兼ねすることなく、疲れたら休憩するのも自由。軽トラの助手席に友人を乗せての流し猟は、話をしながら獲物を探す時間も楽しい。狩猟を忘れてしまい、動物探しのドライブで終わるこ

1 空気銃で遠方よりキジを狙う。安定して射撃ができるよう銃を木の幹に依託している。2 遠くから車で近づき双眼鏡で獲物を確認。捕獲できそうであれば駐車して安全な位置から射撃する。3 4 5 車3台で仲間と猟場を転々とし、山ではシカ、池や草地ではカモやキジを狙う。猟場ごとに作戦を立てて連携する。

ともしばしばなのだが。

効率的に動けば、1日で多くの種類の獲物を狙うこともできる。たとえば、山の奥のほうではシカやイノシシを散弾銃で狙い、そこから山里へと車を流してキジやキジバト、池ではカモなどを狙うというように、場所を変えることで違った獲物を狙うことができる。車がないという人はバイクや自転車などで雑木林や池などを回って、空気銃でキジやカモ、コジュケイ、ヒヨドリなどの鳥類をはじめ、アナグマ、ヌートリア、キツネのような小型獣を狙うこともできる。

とくに空気銃であれば発砲音が小さいので、早朝に撃ってもあまり迷惑がかからないし、発砲音で人を驚かせる心配も少ない。大都市近郊でも条件がそろえば鳥猟ができるため、空気銃での流し猟は大都市圏の若者に人気だ。

狩猟スタイル⑦

獲物に忍び寄って撃つ難易度の高い猟法

忍び猟

忍び猟の基本データ

必要な狩猟免許　大型獣 第一種銃猟免許
鳥類　第二種銃猟免許

有害鳥獣駆除　適している

難易度　★★★★★（鳥猟は★★）

捕獲できる獲物　クマ、シカ、イノシシ、キジ、カモなど

猟の概要
忍び猟は獲物に気づかれないように、単独で行うのが基本。一般的に散弾銃でシカやイノシシなどの大型獣を狙う猟を指すが、貯水池などでカモを狙う空気銃による忍び猟も人気がある。単独猟なので行動には制約がないが、山の中にはさまざまな危険が潜んでいるので、すべてを自己責任で対処しなければならない。

猟のポイント
空気銃で鳥類を狙うのなら初心者でも挑みやすいが、体力に自信のない人が重たい銃と装備一式を背負ってひとりで山を歩く大型獣の忍び猟は、ハードに感じるかもしれない。しかし、装備を軽量化する工夫をしたり、現地調達したものをうまく活用するアイデアを考えるのは、どこかサバイバルのようで私はおもしろいと思っている。

双眼鏡なども使って獲物を探し、気づかれないように射程範囲までゆっくりと忍び寄って、銃で捕獲するのが「忍び猟」だ。シカやイノシシ、クマなどの大型獣が対象の場合は精度の高い散弾銃を使い、カモやキジなどの鳥を対象とする場合は空気銃を利用するのが一般的。「第一種銃猟免許」あるいは「第二種銃猟免許」が必要になる。

　野生動物は枝を踏んだパキッという音だけで逃げてしまうこともあり、気づかれずに射程距離まで近づくのは簡単ではない。地形や植生、動物の習性などを総合的に考えて、獲物がいるだろうという場所を推測しながら、スコープをつけた散弾銃（銃猟経験10年以

3

1

4

1 忍び猟でシカを捕獲。落石などの危険性も考慮し、ヘルメットも装着している。2 山の尾根から拝む朝日。夜明け前に山を登って猟場まで行き、日の出時刻とともに猟を開始する。3 忍び猟で大物を狙うハンターの装備。4 山中で解体。日が暮れることもあるのでライトは必須。5 獲物は枝肉にして背負子で持ち帰る

5

2

上のベテランはライフル銃も使える）と装備を背負って、ときには獣《けもの》道《みち》とすら呼べないようなところを歩くこともある。まさに自分の勘と腕がすべてを決める、難易度の高い狩猟スタイルが忍び猟といってもいいだろう。

　私も毎年のように大型獣を狙って忍び猟にチャレンジしているが、本当に難しいというのが実感だ。単身で山に入るのには危険も伴うため、しっかりした装備で挑まなければならないが、当然のように重装備になるので体力もいる。だが、ひとたび山に入ってしまえば、聞こえるのは自分の息づかいと衣ずれの音、そしてたまに響いてくる鳥の声くらい。大自然のなかでたくましく生きる動物の姿は実に美しく、銃を構えるのも忘れてしまうほど。いつも猟果なしで帰宅する私だが、この非日常の時間が大好きだ。

狩猟スタイル⑧

犬との信頼関係で大物を狙う猟法

一銃一狗《いちじゅういっく》猟

一銃一狗猟の基本データ

必要な狩猟免許	第一種銃猟免許
有害鳥獣駆除	適している
難易度	★★★★★
捕獲できる獲物	クマ、シカ、イノシシ、ウサギなど
猟の概要	猟師ひとり（一銃）と犬一匹（一狗）で、山に入って行う単独猟法。犬の特性や性格に合わせながら、クマやイノシシ、シカなどの大型獣を捕獲する。中型日本犬に代表される獣猟犬を利用するのが一般的。犬を飼い、山に何度も通って訓練を重ねる必要があるので、はじめるためのハードルは高いが、その醍醐味は格別。
猟のポイント	獲物を見つける大切な役割を担う犬が、獲物に逆襲されてケガをするのを防ぐために、犬用の耐切創ドッグベストを着用させたりするなど、獲物を追いかけていった犬を見失わないように犬用のGPS（ドッグナビ）を装着するなど、お金もかかる。しかし、犬と暮らし、犬と山へ入り、犬と獲物を獲るという世界にロマンを感じる人は、ぜひチャレンジしてほしい。

おそらく「一銃一狗《いちじゅういっく》」という言葉を聞いたことがあるという人は、ほとんどいないのではないだろうか。思わずそんなことを考えてしまうほど、一般にはなじみのないこの四字熟語が8つ目の猟法だ。

「一銃」とは猟師ひとりという意味で、「一狗」とは犬が一匹という意味。つまり、銃を持ったひとりの人間と一匹の犬で行う猟のことを指す。前述した追い出し猟では鳥猟犬を使ったが、一銃一狗では山に入ってイノシシやシカ、クマといった大型獣を狙うので、中型日本犬などの獣猟犬を使うのが定番になっている。

嗅覚の鋭い犬と一緒に山を歩きなが

1 猟犬フチはニオイを追って獲物を探索。シカの群れを主人の40m先まで連れて帰ってきた。食肉として適した個体を１頭だけ選び、ライフルで撃ち抜いた。2 室内で犬と過ごすことで絆が深まる。3 荷台の犬用のケージは移動の必需品。4 回収した獲物は犬と共に食す

ら、ハンターは犬の反応や犬との会話を通じて銃で獲物を捕獲するのが基本だが、その方法は犬の性格によってずいぶん違ってくる。主人の場所まで獲物を追い立ててくれる犬もいれば、主人が追いつくまで獲物を吠え留めてくれる犬もいるし、獲物を見つけるとそっと主人のところまでやってきて、こっちだよと近くまで導いてくれる犬までいる。飼い主は犬の行動の意図をなるべく正確に読み取って、獲物の特性や地形などから自分が次にとるべき行動を考えて山を歩かなければならないが、そこがこの猟ならではのおもしろさといっても過言ではない。

犬という相棒と信頼関係を築き、お互いが息を合わせて大きな獲物を山で狙う楽しさは、とても言葉では書き表せない。ダイナミックなのにとても繊細な猟法、それが一銃一狗猟だ。

Column 03

猟犬を飼ってみて思うこと

私が飼っている猟犬チャッピーは、イノシシやシカを追いかけるのが仕事。「どうやって獲物を追いかけるように教えるの？」とよく聞かれるが、実は特別な訓練はしていない。もちろん、普通の犬としてのしつけもするし、より効率的に狩猟をするように一緒に山を歩いたりはする。

猟犬は本能で獲物に向かっていくが、チャッピーも教えてもないのに幼犬のころから、イノシシやシカのニオイを嗅ぎ取って追いかけようとした。シカを見つけると、狂戦士《バーサーカー》のように変貌して追いかけていく。イノシシの場合は、攻撃をかわしながら吠えて足止めをしてくれる。「無茶なことをしなくてもいいのに……。罠の見回り時に危険を察知してくれたらそれで十分」と思うのだが、本人がやりたいのだから仕方がない。

いまでは「狩りに行こうよ」とせっつかれて山に行くことも多く、すっかり大切な狩猟の相棒になっている。

チャッピーの犬種は雑種。正しくは徳島アストル犬と屋久島犬と紀州犬のミックスだ。両親が猟犬であっても、子に猟犬の適性があるとは限らない。チャッピーの兄妹のうち1匹は猟犬の適性がなく、普通のペット犬として飼われているが、猟犬の子犬を譲り受けたら、たとえ適性がなくても最後まで飼う覚悟を決めなければならない。

ただ、猟犬の子犬を育てるのは本当に大変。しつけのためにパピー教室に参加しようとしたが、やんちゃすぎて断られてしまった。プラスチック製のお皿は噛み砕いてしまうし、リードも噛みちぎってしまう。ただ、チャッピーを育ててあげたのが先住のネコだったので、いまでもネコには頭が上がらないのがおかしくて仕方がない。

やんちゃすぎて パピー教室への 参加を断られた

幼いころは室内で飼っていた。ネコがわが子のようにチャッピーを育ててくれた

お正月に起きた靴バラバラ事件。靴箱の扉を開けて、靴を噛みちぎってしまった

Chapter

04

狩猟の基礎知識

狩猟の概要が見えてきたところで、
ハンターなら絶対に知っておかなければならない
狩猟に関する基礎知識を紹介する。

Basic knowledge of hunting.

基礎知識①　2通りの捕獲方法

狩猟と有害鳥獣駆除の違いとは？

狩猟免許初心者講習会で個人的にアンケートをとったところ、狩猟免許の取得を希望している人の実に6割以上が、有害鳥獣駆除が目的だった。カラスやシカに果樹を食べられてしまった農家、地域でアライグマが増えて困っている男性会社員グループなど、〝趣味〟ではなく〝被害〟抑制のために、やむを得ず捕獲をはじめる人が想像以上に多い。

このように、「有害鳥獣駆除」は農林水産業や生活環境への被害を防ぐことが目的なのに対して、「狩猟」はあくまでも趣味で行われるという根本的な違いがある。まずはこのことをよく心に留めてほしい。というのも、有害

狩猟と捕獲許可の違い

区分	狩猟	許可捕獲	
		有害鳥獣捕獲	個体数調整
定義	狩猟期間に、法定猟法により狩猟鳥獣の捕獲など（捕獲または殺傷）を行うこと	農林水産業または生態系などにかかわる被害の防止の目的で、鳥獣の捕獲など、または鳥類の卵採取などを行うこと	特定鳥獣保護管理計画に基づく鳥獣の捕獲など、または採取などを行うこと
対象鳥獣	狩猟鳥獣46種（鳥類のひなを除く）	狩猟鳥獣以外の鳥獣も可能（鳥獣類および鳥類の卵も含む）	特定鳥獣保護管理計画で定められた鳥獣
手続き資格	狩猟免状の取得と毎年度の登録が必要	原則として狩猟免状を受けた者。許可申請が必要。 申請先は都道府県知事（権限移譲している場合は、市町村長）	

出典／農林水産省 HP「野生生物被害防止マニュアル - イノシシ、シカ、サル、カラス（捕獲編）- 第2章　捕獲に関する基礎知識」

鳥獣駆除を「猟期外でも狩猟ができる許可」だとか「お小遣いが稼げる許可」だと勘違いして、問題を起こす狩猟者も少なからずいるからだ。

正直に話すと、私は心の中で「鳥獣捕獲の楽しさ」を感じながら有害鳥獣駆除をしている一面もある。しかし、あくまでも「趣味」ではなく、「被害を軽減する目的」で捕獲をしていることを決して忘れないようにしている。

許可捕獲では捕獲奨励金も出る

そもそも日本で野生鳥獣を捕獲する方法は「狩猟」による捕獲と「許可捕獲」という2通りがあり、有害鳥獣捕獲は許可捕獲にあたる。原則として狩猟免許を取得している人が申請することで、都道府県知事もしくは市町村長から許可が与えられる（右下表参照）。

近年では被害防止の効果を高めるため、農作物被害額の原因の8割ほどを占めるシカ、イノシシ、サル、カラス、外来生物のヌートリアやアライグマ、キョンなどを対象として、国や自治体が捕獲奨励金を出している。金額や対象鳥獣は各自治体によって異なり、たとえば私が住む地域は被害がひどいため、成獣のイノシシ1頭につき捕獲報奨金として1万2000円が個人に支払われる。

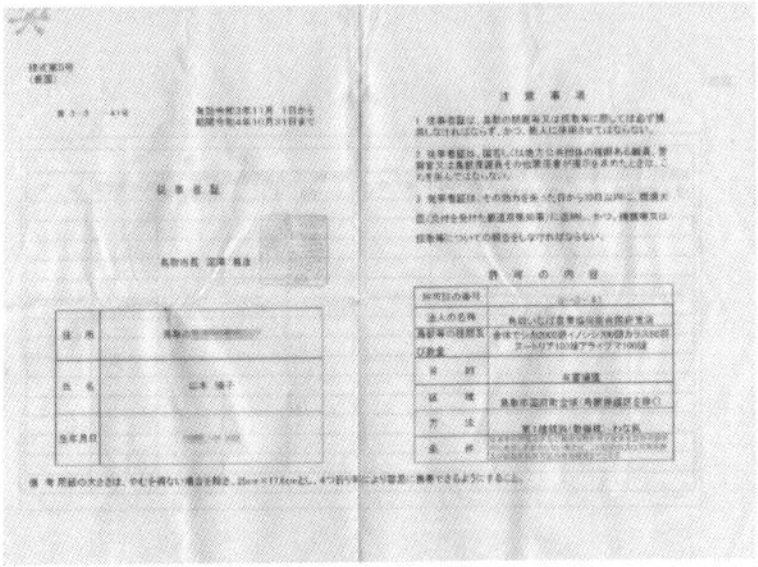

有害捕獲の従事者証

「1頭の捕獲でそんなにお金がもらえるの？」と思うかもしれないが、そのためには道具をそろえ、捕獲の技術も習得しなければならないし、なんといってもそれなりの時間を費やす必要がある。私も捕獲奨励金をたよりに駆除活動を行っているが、単純に収支計算をするとコンビニのアルバイトのほうが効率的かもしれない。

外来種のアライグマやヌートリアの捕獲は、自治体によっては狩猟免許がなくても講習を受けるだけでいい場合もある。駆除に興味がある人は免許取得前に、自治体もしくは被害地域の役所へ相談するといい。また、地元のベテラン猟師で構成された法人が有害鳥獣捕獲を一手に引き受けている場合は、その法人のメンバーにならないと、猟期外はその地域での捕獲活動ができないケースもあるので確認が必要だ。

基礎知識②　鳥類26種と獣類20種

捕獲できる鳥獣とその数は決まっている

原則として、野生鳥獣は狩猟や許可捕獲でしか捕獲が認められていないので、狩猟免許や駆除の許可がなければ捕獲はできない。令和4年度の時点で、全国的に狩猟できる鳥獣（狩猟鳥獣）は、鳥類26種と獣類20種の合計46種に定められている。左図のように1日に捕獲できる数に規制が設けられている種や、メスの捕獲が禁じられている種もあるので注意が必要だ。意図せず非狩猟鳥獣などを捕獲することを「錯誤捕獲」というが、その対処方法についてはP.180で解説する。

狩猟鳥獣については狩猟対象としての価値や、農林水産業などへの害性、狩猟の対象とすることによる鳥獣の生息状況への影響を考慮して、行政機関が選定しているが、見直しは5年ごとに行われているので、猟期前に必ず狩猟鳥獣を確認してほしい。

ニホンジカは亜種によっては捕獲が禁止されている

左ページの狩猟鳥獣一覧には、北海道に生息するエゾジカが載っていないことにお気づきだろうか？　実は生き物（動植物）は「目→科→属→種」の順にグループで分けられているのだが、ニホンジカの亜種にあたるエゾジカは、「ウシ目シカ科シカ属」の「ニホンジカ」という「種」に分類されるため、ニホンジカと同じ仲間として扱われているからだ。ニホンジカにはエゾジカのほかにホンシュウジカ、ツシマジカ、ケラマジカなどの計7つの亜種が存在し、基本的に狩猟鳥獣の対象だが、ケラマジカは天然記念物に指定されているので捕獲は禁止。ツシマジカはライフルでの捕獲が禁止されている。

また、その地域での生息数が少ない種については、たとえ狩猟鳥獣であっても都道府県が捕獲を禁止していたり、狩猟期間を短く設定していたりするケースもある。たとえば、ツキノワグマは狩猟対象獣だが、生息数が少ない広島県では捕獲が禁止されている。詳しくは、狩猟者登録する予定の都道府県の担当窓口に問い合わせてみよう。

狩猟鳥獣一覧

鳥獣タイプ			種	捕獲数などの制限
獣類	大型獣	クマ科	ヒグマ	
			ツキノワグマ	
		イノシシ科	イノシシ	
		シカ科	ニホンジカ	
	中型獣	イヌ科	タヌキ	
			キツネ	
			ノイヌ	
		イタチ科	テン	
			イタチ	オスに限る
			シベリアイタチ	長崎県対馬では禁止
			ミンク	
			アナグマ	
		ジャコウネコ科	ハクビシン	
		ヌートリア科	ヌートリア	
		アライグマ科	アライグマ	
		ネコ科	ノネコ	
		ウサギ科	ユキウサギ	
			ノウサギ	
	小型獣	リス科	タイワンリス	
			シマリス	
鳥類	カモ科	陸ガモ	マガモ	合計して1日5羽 （網を使用する場合は1猟期合計200羽）
			カルガモ	
			ヨシガモ	
			コガモ	
			オナガガモ	
			ヒドリガモ	
			ハシビロガモ	
		海ガモ	ホシハジロ	
			スズガモ	
			キンクロハジロ	
			クロガモ	
	シギ科		タシギ	合計して1日5羽
			ヤマシギ	
	ウ科		カワウ	
	キジ科		エゾライチョウ	1日2羽
			コジュケイ	1日5羽
			ヤマドリ	合計で1日2羽。メスは捕獲禁止（放鳥区は可）
			キジ	
	ハト科		キジバト	1日10羽
	スズメ科		ニュウナイスズメ	
			スズメ	
	ヒヨドリ科		ヒヨドリ	
	ムクドリ科		ムクドリ	
	カラス科		ミヤマガラス	
			ハシブトガラス	
			ハシボソガラス	

『狩猟読本』より

基本知識③ 猟期は3カ月が基本

狩猟の期間や時間には制限がある

鳥獣保護管理法施行規則により、狩猟できる期間は基本的には「毎年11月15日～翌年2月15日」の3カ月間と決められていて、これを「猟期」という。ただし、狩猟鳥獣や都道府県によっては猟期を変更している場合もある。たとえば、鳥取県ではシカとイノシシに限って、猟期が11月1日～翌年2月末日までと1カ月間延長されている。

こうした情報は狩猟を行う都道府県のホームページで確認できるほか、下で紹介している「ハンターマップ」に「特記事項」として記されている。ハンターマップの正式名称は「鳥獣保護区等位置図」といい、P.78で紹介する狩猟が禁止または制限されている区域

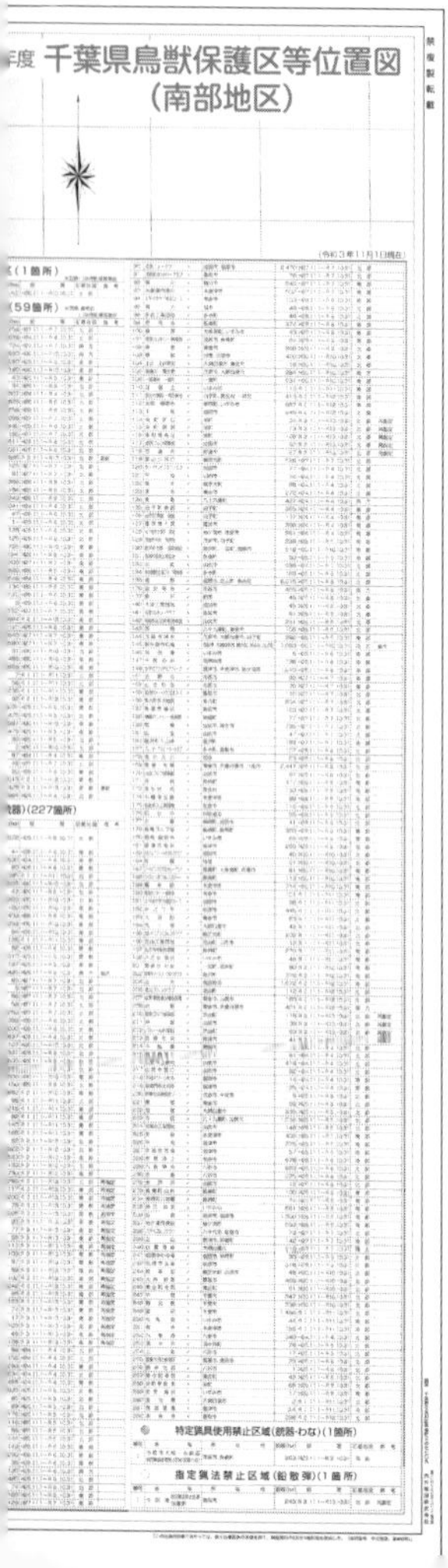

日の出・日の入りの時間の差

（2022年11月15日の時刻）

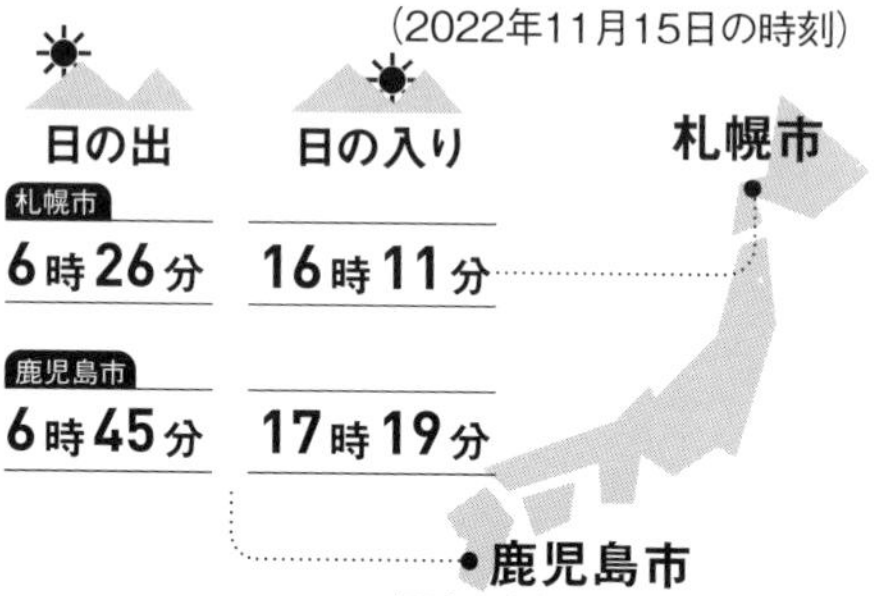

（国立天文台暦計算室サイトより）

日の出、日の入りの時刻は地域によって異なるので、必ず狩猟を行う地域の時刻を確認すること

狩猟ができる期間（令和4年度）

環境省HPより

北海道以外の区域	北海道
毎年11月15日～翌年2月15日（猟区内：毎年10月15日～翌年3月15日）	毎年10月1日～翌年1月31日（猟区内：毎年9月15日～翌年2月末日）

※猟区とは捕獲調整猟区及び放鳥獣猟区のこと。
※猟区の猟期は延長される場合がある。

の情報なども掲載されているので、必ず目を通しておきたい。ハンターマップは狩猟者登録をするときに各都道府県から配布されるほか、各都道府県のホームページから無料でＰＤＦをダウンロードできる。

発砲できる時間にも制約が

銃猟については発砲できる時間にも規制があり、「日の出から日の入りまで」と決められている。つまり、「日没から日の出まで」は銃猟ができない。これは誤射を防ぐための規制だが、日照の明暗のような感覚的な基準でなく、国立天文台が発表している暦によって地域ごとに細かく時刻が定められている。出猟する前に、必ず国立天文台のＨＰや新聞などで調べておこう。地域によってはハンターマップに日の出と日没時間が載っているものもある。

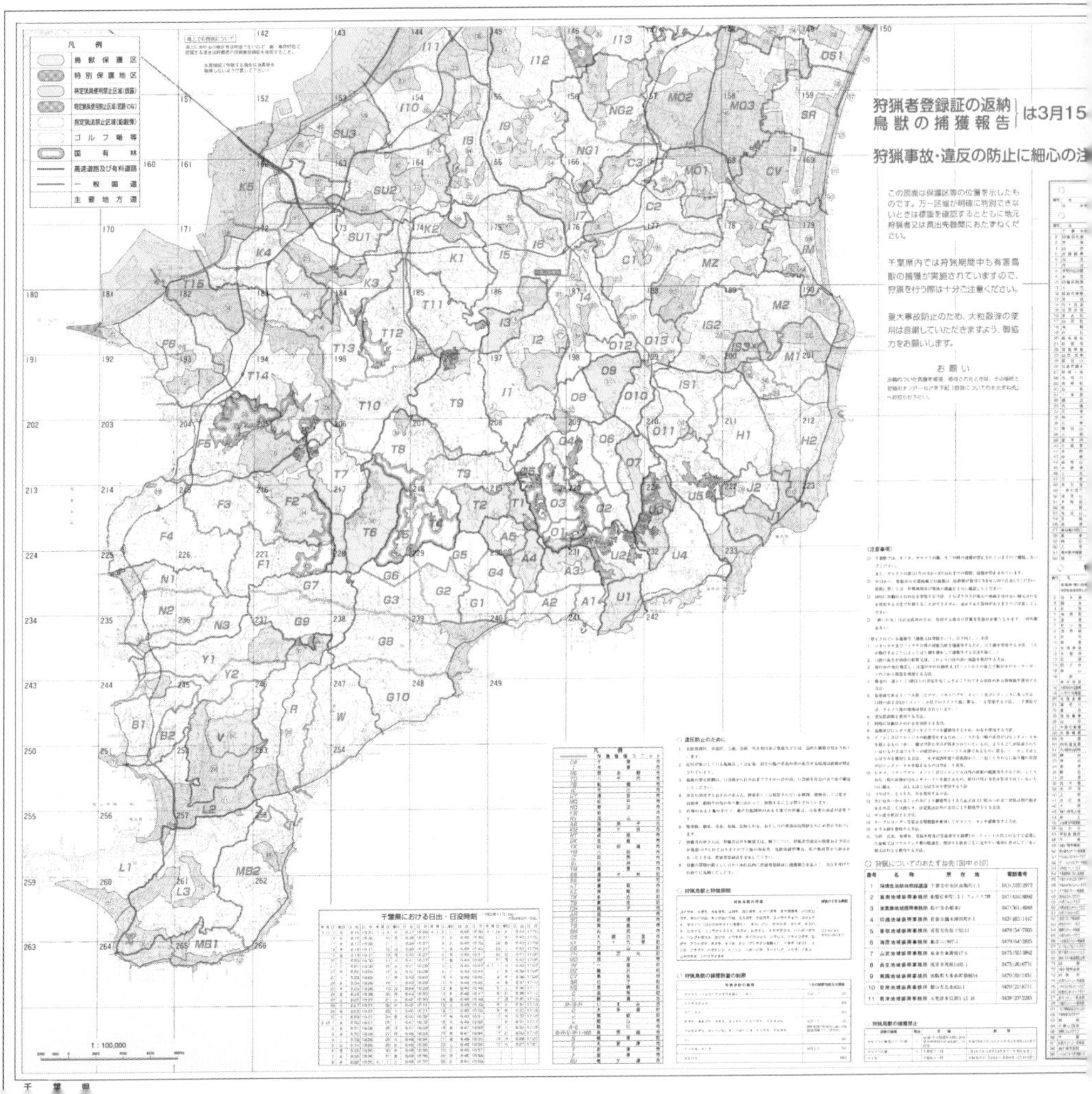

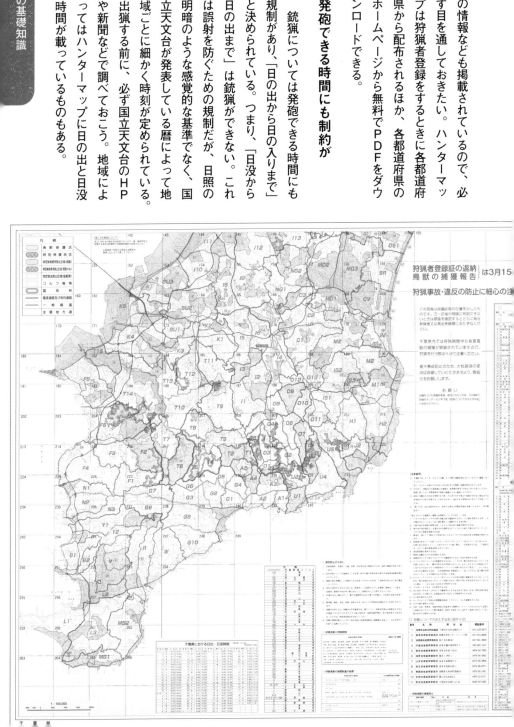

狩猟に関する禁止事項は想像以上に多い

狩猟ができる場所にも規制がある。規制区域についてはハンターマップに詳しく載っているが、こうした規制区域以外にも公道や寺社境内など狩猟が禁止されている場所があるので注意したい。ただし、禁止されていないからといって自由に狩猟ができるわけではない。散歩中に銃の音が聞こえたら普通は恐怖を感じるし、自分の畑の近くで動物を殺生したら不快に思う人もいる。このように地域の人に配慮して狩猟を行うように心がけてほしい。

ほかにも初心者が知らずにやりがちな禁止行為がいろいろあるので、私の独断で左ページに列挙した。猟期中は鳥獣保護管理官が巡回していて、私はこれまで3回ほど狩猟中に声をかけられ、携帯が義務づけられている狩猟者登録証と銃所持許可証の提示を求められた。罰則が適用される違反行為もあるので、気をつけよう。

Tips 公道とは？

林道や農道のほか、車両が通らない道でもハイキングコースなどの人工道は公道にあたる。また、道に接する法面《のりめん》も公道にあたるので注意が必要。写真の林道は木が倒れて整備されていないが、実は市道。立派な公道だ。

規制区域外でも狩猟が禁止されている場所

狩猟ができない場所

- 公道（国・県・市町道、農道・林道など）
- 社寺境内および墓地など、神聖さや尊厳を保持すべき場所
- 区域が明示された都市公園など、人が集まる場所
- 自然公園の特別保護地区など生態系保護を図る場所

銃猟ができない場所

- 住居が集合している地域
- 広場、駅、そのほかの多数の者が集合する場所
- 人、家畜、人工物（自動車や建物など）などに弾丸が到達する恐れがある場所や方向
- 銃弾が公道をまたぐ可能性がある場所

初心者がやりがちな禁止行為を知っておこう

罠が設置できない場所

・罠にかかった獲物が公道に出る恐れがある場所

土地所有者の許可がいる場所

・垣、柵などで囲まれた土地
・作物のある土地
・国有林（入林届けが必要）

人にとって危険な猟法

・爆発物、劇薬、毒薬、据銃、落とし穴など

鳥獣保護の観点から禁止されている猟法

・犬のみによる猟
・ヤマドリやキジをキジ笛や電気音響機器でおびき寄せる行為
・5ノット以上の速度で航行中のボートからの銃器の利用
・運行中の自動車からの銃器の使用
・禁止猟具の使用
［ボウガン、おしわな、とらばさみ、かすみ網など
くくり罠に関しては
・締め付け防止金具が装着さていないくくり罠
・直径が12cmを超えるくくり罠
・「より戻し」が未装着でワイヤーの直径が4mm未満のくくり罠（イノシシとシカを捕獲する場合に限る）
・31基以上の罠の設置
・特定猟法（鉛散弾）禁止区域での鉛散弾の使用
・狩猟禁止区域から狩猟可能区域への追い出し猟

残滓《ざんし》放置

（適切な処理が困難な場合など、一定の条件を充足する場合は除外）

狩猟鳥のひなの捕獲や卵の採取

※残滓とは獲物の解体などで出た内臓や骨、毛皮などのこと

狩猟規制区域から追い立てた獲物を狩猟可能区域で狩るのは違反となる
bowwow
狩猟可能区域
狩猟不可区域

基礎知識⑤ 気になるお金の話

狩猟現場に立つまでに必要な費用は？

「狩猟をはじめるには、いくらかかるの？」と聞かれることがとても多いのだが、この質問に明快に答えることは実は難しい。というのも、都道府県によって初心者講習会の受講料や猟友会費に差があるし、有害鳥獣駆除に従事するのであれば、補助金制度を活用できる地域もあるからだ。そもそも散弾銃を手に入れるにしても、かかる費用はピンキリ。車が買えるほど高級なものを買う人もいれば、タダ同然で銃を譲り受けるという人も少なくない。

そんなこともあって、私は環境省が公表している「狩猟をはじめるための手続きの経費」を参考にして、「手続きの経費だけで、第一種銃猟免許で約

狩猟を始めるための手続きの経費

項目	猟銃	罠猟	網猟
狩猟免許取得[※1]（免許申請・医師の診断書・事前講習料など）	約15,000円	約15,000円	約15,000円
猟銃所持許可（猟銃等所持許可申請）	約60,000円（空気銃 約20,000円）	―	―
狩猟者登録（手数料・狩猟税）	約20,000円	約10,000円	約10,000円
その他（ハンター保険[※2]など）	約15,000円～	約15,000円～	約15,000円～
合計[※3]	約110,000円～	約40,000円	約40,000円

※1：狩猟免許申請手数料は、1種類につき5,200円（都道府県によって異なる場合あり）。
※2：ハンター保険／狩猟時に発生した事故などに対する3,000万円以上の損害賠償が可能な保険。（狩猟を行うためには、狩猟により生ずる危害の防止または損害の賠償について、3,000万円以上の賠償能力を証明する必要がある）。
※3：上記の金額は、あくまで目安です。

11万円、第二種銃猟免許は約7万円、罠猟と網猟免許は約4万円」と答えるようにしている（右ページ下表）。

しかし、みなさんが気になるのは実際に猟場に立つまでの総コストであり、狩猟を続けるには毎年いくらかかるのかということだと思う。そこで、私が狩猟をはじめた2018年当時の領収書を引っ張り出し、実際に狩猟の現場に立つまでにかかった費用をまとめたのが下の表だ。

先輩猟師に銃を無料で譲ってもらうなど、好意に甘えて切り詰めたこともあり、散弾銃と罠を同時に取った私の場合は21万円程度だった。そこから県や市の補助金を活用した結果、最終的に10万円程度で済んだ。また、2年目からかかる必要費用についても掲載しておくので参考にしてほしい。

狩猟現場に立つまでにかかった費用

		銃	罠	銃＋罠同時	補助制度を適用
最低限の経費 ※診断書料金、猟友会費なども含む	狩猟免許	¥11,564	¥10,664	¥15,864	
	銃所持許可証	¥69,008	—	¥69,008	
	狩猟者登録	¥35,600	¥24,200	¥47,200	
	小計	**¥116,172**	**¥34,864**	**¥132,072**	**¥26,355**
装備代		¥51,015	¥32,264	¥76,322	**¥76,322**
現場に立つまで		**¥167,187**	**¥67,128**	**¥208,394**	**¥102,677**

銃と罠と同時に取得すれば安くなる！

【装備代】
銃／銃1挺、ガンロッカー、弾代など　罠／くくり罠5セットなど　その他／登山靴、レインコートなど

2年目からの維持費用

【毎年度かかる費用】	銃	罠	銃＋罠同時	補助制度を適用
狩猟者登録と猟友会費（保険代含む）	¥35,400	¥24,000	¥47,000	¥22,300

【3年に一度かかる費用】	銃	罠	銃＋罠同時	補助制度を適用
狩猟免許の更新と銃所持許可証の更新	¥33,030	¥2,900	¥35,930	¥18,630

Column 04

狩猟車のいろいろ

4WDのオフロード車が履くのは、ぬかるんだ泥道でも進めそうなゴツゴツしたタイヤ。牽引が可能なウィンチも付いていて、車内にもさまざまな狩猟道具が搭載されている……。そんな狩猟用にカスタムされたジムニーに、私は憧れていた。

しかし、いろいろ考えた末に私が選んだのは、激安の中古軽トラだった。それは大雑把でずぼらな性格の私にピッタリだからだ。汚れを気にせず荷台になんでも載せられるし、汚れても簡単に洗える。また、ダニなどが車内に入る心配がない。趣味の畑仕事で使う耕運機や、森で切った木などもガンガン積むことができてとても便利。

軽トラは構造も単純だから、カスタムやメンテもしやすい。泥だらけになっても文句をいわず、毎日悪路を突き進んでくれる。本当に頼もしい相棒だが、ただひとつイマイチだと思っている点が友人をひとりしか乗せられないこと。その助手席もほぼ犬で予約が埋まっているのだが……。

人気が高い狩猟車に共通するのは4WDであることと、荷台もしくはヒッチキャリアなどに獲物を積載できること。大型のハイラックスのようなピックアップトラックが人気だが、本州の林道は幅が狭いのであまり実用的ではない。結果的に軽トラのような小型車を選ぶ人が圧倒的に多い。車を使うのが難しい場合は、ハンターカブのようなバイクという選択肢もある。

車は狩猟を支える大切な道具のひとつなので、自分の狩猟スタイルと好みに合う納得の一台を見つけてほしい。

ヒッチキャリアを付ければ、ジムニーでも汚れやダニを気にせず獲物を運ぶことができる

私にピッタリの狩猟車は中古の軽トラだった

Chapter
05

狩猟免許を取る

ここからはいよいよ狩猟免許を取るための話をする。
罠猟なのか銃猟なのかによって
やるべき試験勉強や技能練習も違ってくる。

Get a hunting license!

◆免許取得からデビューまでの流れ◆

狩猟免許取得から狩猟者登録、銃所持許可まで

狩猟デビューまでに必要な手続きは「狩猟免許の取得」そして「狩猟者登録」という2段階に分かれる。

「狩猟免許」は自分が住んでいる都道府県で受験することになるが、合格すれば日本全国で有効な免許となる。試験の難易度はそれほど高くはない。任意の初心者講習会に参加してそれなりに勉強しておけば、ほぼ合格できるはず。免許は3年間有効で、適性試験に合格すれば更新できる。適性試験は講習と身体能力の検査だけなので、心配する必要はない。私の場合、免許更新の案内が届いたので、更新を忘れる心配もなかった。

「狩猟者登録」は毎年申請する手続きで、自分が狩猟をしたい場所の都道府県で所定の「狩猟税」を支払って登録する。税額は免許の種類によって決められている。

銃猟には銃所持許可も必要

銃で狩猟を行う場合、狩猟免許のほかに〝銃刀法に基づく銃砲所持許可申請手続き〟をして、警察で銃所持許可を取得しなければならない。ちょっとややこしいが、「銃猟免許」とは「銃で狩猟をするための資格」のことで、「銃所持許可」とは「銃を所持するための資格」だと考えればわかりやすいと思う。このふたつが同時にそろってはじめて、狩猟者登録ができるわけだ。

厳しい銃規制がある日本では、簡単には銃を所持させてもらえない。銃所持許可の手続きには最短でも半年以上はかかるし、最悪の場合、許可が下りないこともあるので、狩猟免許の取得と並行して銃所持許可の申請は早めに手をつけたほうがいい。

実は私はうかつにも銃所持許可が必要なことを知らなかったため、手続きのスタートが遅れてしまった。結果、狩猟免許はあるのに銃の所持許可がないため狩猟ができない状態で1年目の猟期を迎え、ようやく銃の所持許可が下りたのは猟期が残り1カ月半というタイミング。やる気満々だっただけに悔しい思いをしてしまった。

狩猟免許取得からデビューまでの流れ

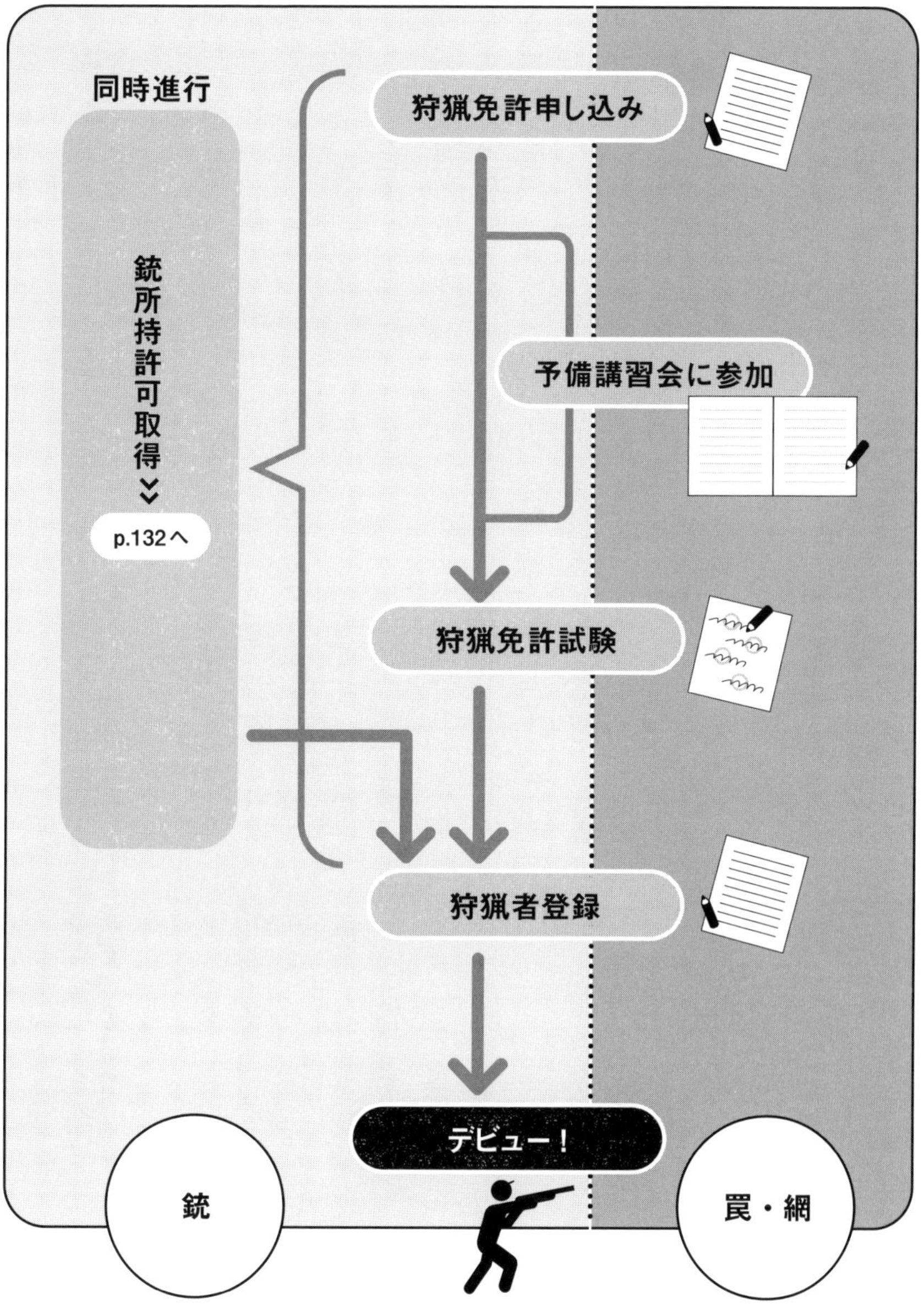

銃猟をするなら、狩猟免許取得と同時進行で銃所持許可を取得する必要がある

狩猟免許とは?

使う猟具によって免許は4種類に分かれる

狩猟免許は、捕獲に使用する猟具によって、4つに区分が分かれている。

たとえばイノシシやシカがターゲットの場合、銃を撃って捕獲する方法もあれば、罠で捕獲する方法もある。銃でも散弾銃を使う場合は「第一種銃猟免許」、罠の場合は「わな猟免許」の取得が必要だ。罠で捕獲して散弾銃で止め刺しするのであれば、わな猟免許と第一種銃猟免許を同時に取得しておかなければならない。これについては3章でも狩猟スタイル別の猟法を紹介したので、自分がやりたいスタイルに合わせて取得する免許を決めてほしい。

銃猟免許は第一種と第二種に分かれていて、第一種銃猟免許を取得すれば空気銃も散弾銃も扱える。空気銃しか扱わないという人は第二種銃猟免許を取得しよう。散弾銃と空気銃のどちらにするか迷っている場合は、第一種銃猟免許を取っておくのもひとつの手。第一種銃猟免許は第二種に比べて試験の難易度と必要な知識の量が上がるが、狩猟者登録の際、空気銃のみを使用するのであれば第二種銃猟免許だけの登録を申請することができる。

マイナーな網猟免許

網猟免許はとてもマイナーな免許。鳥類やウサギなどの中型獣が捕獲できる猟法だが、大日本猟友会の構成員のうち3%しか登録者がおらず、ノウハウ取得が難しい猟法といえる。登録者の3割以上を占めるのが新潟県で、網猟が盛んな土地柄といわれる。また、石川県には江戸時代から大切に継承されている坂網カモ猟がある。興味がある人は、現地の猟友会などに問い合わせてみるのが近道かもしれない。

狩猟免許は4種類

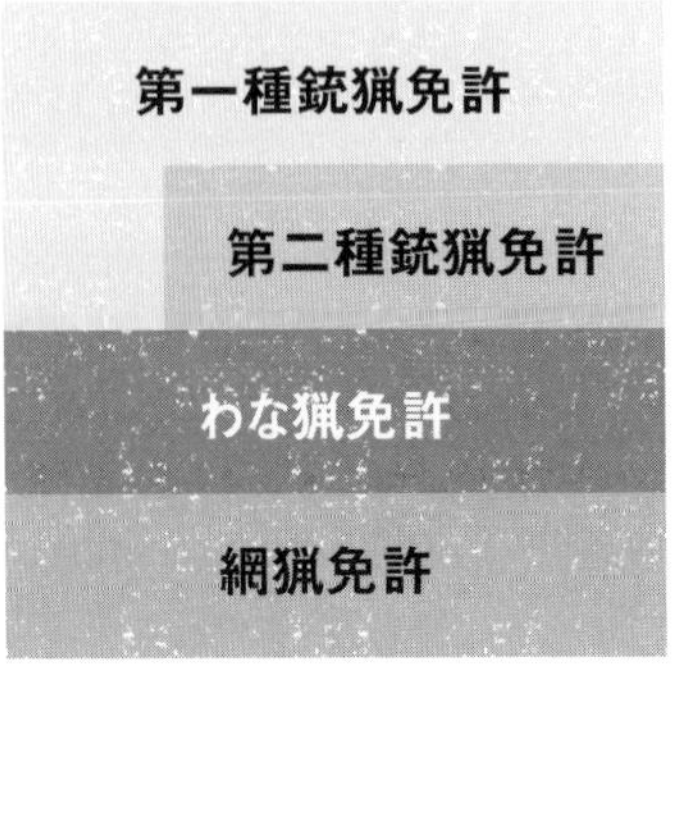

それぞれの免許の特徴と概要

第二種銃猟免許

猟具：空気銃
取得年齢：20歳以上
獲物：鳥類や中〜小型獣
別途、銃所持許可が必要。
比較的カジュアルに
狩猟がはじめられるため、
都市部在住の人や
会社員に人気

第一種銃猟免許

猟具：散弾銃、ライフル、空気銃
取得年齢：20歳以上
獲物：大〜小型獣、鳥類全般
一番取得が大変だが、
狙える獲物の幅が広い。
別途、銃所持許可が必要。
有害鳥獣駆除に最適

網猟免許

猟具：網
取得年齢：18歳以上
獲物：鳥類、ウサギなど
伝統的な猟法が多く、
所持者は少ない

わな猟免許

猟具：罠（くくり罠、箱罠など）
取得年齢：18歳以上
獲物：大〜小型獣
手軽に取得できるので、
取得する人が増加中。
食肉用の捕獲と
有害鳥獣駆除に最適

予備講習会への参加が免許取得の近道

どの狩猟免許を取得するかを決めたら、資料を取り寄せて受験の申し込みをしよう。狩猟免許試験は自分が住んでいる都道府県での受験となる。試験は各都道府県が行っているので、手続き方法がそれぞれ若干異なる。たとえば、先着順や抽選制となっている都道府県もあるので注意が必要だ。大阪府在住の友人は抽選に2回も落ちてしまい、1年越しの狩猟免許受験となった。ここでは標準的な申請の手順を紹介するが、必ず居住する都道府県庁のホームページで詳細を調べるか、電話で総合窓口に問い合わせてほしい。

予備講習会の受講は必須ではないが、合格への近道であることは間違いない。試験当日に行われる技能試験の指導をしてもらえたのが、私には大きかった。また、地元に根差した狩猟に関する情報を教わることができるし、自分から積極的に関わることで、こうした会で狩猟仲間を見つけるきっかけをつくることもできる。

予備講習会に参加できない人は、自力で勉強するしかない。私は試しに網猟免許を独学で受験してみた。鳥取県猟友会で狩猟読本と例題集を購入し、SNSやYouTubeなども活用して情報を集め、なんとか合格することができた。ただ、技能試験には不安が残ったままの受験だったので、できるなら予備講習会に参加しておきたい。

Tips

免許取得の補助金制度について

各都道府県だけでなく、市町村にも狩猟免許取得のための補助金制度がある。試験申し込み前に申請しないと受けられないものもあるので、事前に調べておこう。インターネットだけでは調べられない情報もあるので、自治体の担当窓口に問い合わせてみよう。

私が補助金制度を確認した団体など

県

市町村

猟友会

NOSAI（全国農業共済協会）

JA

狩猟免許を取る4ステップ

Step 1 居住している都道府県の情報をチェック

インターネットで「○○県　狩猟免許」と検索すれば出てくる。
都道府県庁の総合窓口に電話で問い合わせも可能。
・日程　・受付期間　・申し込み方法　・試験会場
・予備講習会　・抽選の有無
などについて調べよう！

都道府県によって方法が異なる。受験申し込みが多すぎて抽選のところもあるし、試験の開催日が少ないところもある。よく調べよう!

Step 2 申請書類をそろえて申し込み

医師の診断書が必要になるので、日程に余裕をもって書類をそろえよう。詳しくはP.91へ。

Step 3 狩猟免許予備講習会に参加（任意）

必須ではないが、合格のために受講することを強くおすすめする。
ここで狩猟免許試験に必要な知識や技能を教えてもらえる。

狩猟免許予備講習会に参加しない人

Step 4 狩猟免許試験

1日がかりで知識（筆記）、適正、技能の試験が行われる。詳しくはP.92 ～ 93で解説する。

狩猟免許の受験資格と必要な費用について

狩猟免許試験にも受験資格がある。第一種銃猟免許と第二種銃猟免許は20歳以上、わな猟免許と網猟免許は18歳以上という年齢制限が設けられている。統合失調症、そううつ病、てんかんなどの病気がある人は、程度により受験できない可能性がある。こういった持病や薬物中毒でないことを証明する診断書の提出も必要だ。

身体に重度の障害がなく、一般的な日常生活を送れている人はまず問題ないが、心配な点などがあれば各都道府県の担当窓口に確認しよう。ここでは試験合格までに要する標準的な費用のほか、必要書類について掲載しておくので参考にしてほしい。

狩猟免許試験に必要な費用の目安

目安　5,200円 × 受験する免許の種類 ＋ 3,000円

例）

罠と第一種銃猟免許の場合

5,200円 × 2（種類） ＋ 3,000円（診断書） ＝ 13,400円

受験する免許の種類
- ・わな猟免許
- ・第一種銃猟免許

初心者講習会の参加費用は都道府県で異なる（0円～ 25,000円）

Tips

銃猟免許を取得する予定の人へ

銃の狩猟免許を取得する人は、銃所持許可証を取得する際も医師の診断書が必要。こちらは指定された病院の診断書が必要な場合があるので、あらかじめ警察に対象病院を問い合わせて受診しておけば、二度手間を防げる。期限が過ぎた場合の再発行もスムーズだ。

申請に必要な書類

一般的な手続きの例

・狩猟免許申請書 ……… 書式は都道府県によって異なる。都道府県庁のHPからダウンロードしたり窓口に問い合わせたりして入手しよう

・医師の診断書 ……… 統合失調症、そううつ病、てんかん、麻薬や覚せい剤の中毒者ではないことを証明する診断書。診断書の用紙は都道府県のホームページから入手できる

かかりつけの病院や近所の病院（歯科を除く）で診断書の書式を見せて「これを発行してほしい」と受付で相談するとよい。目安は3,000円前後。

注意！ 銃猟免許を受験する人で、すでに銃所持許可証を取得している人は許可証の写しでOK

・写真 ……… 申請の6カ月前までに撮影したもの

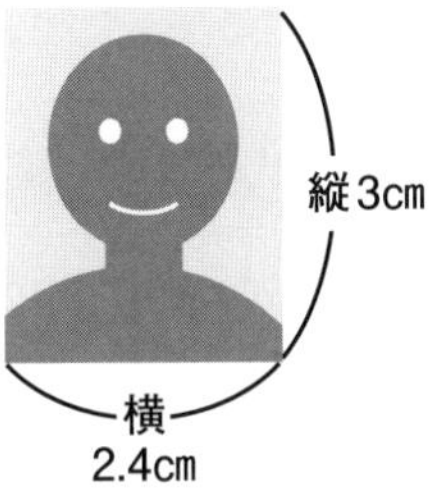

・狩猟免許申請手数料 ……… 免許1種類につき5,200円
※たとえば、わな猟免許と第一種銃猟免許のふたつを同時に受験する場合は5,200円×2＝10,400円が必要

・その他 ……… 住民票や返信用封筒などが必要な場合もある

狩猟免許試験の概要

内容は適性、知識、技能の3構成

狩猟免許試験は基本的に土日に開催されるが、技能試験の順番によっては朝から夕方までかかることもあるので、試験日は丸1日潰れると考えよう。

試験は適性試験、知識試験、技能試験の3構成。試験の順番は都道府県によって異なる。鳥取県の場合は①適性試験→②知識試験→お昼休憩→③技能試験の順で行われ、②③は前の試験に合格した人のみ進むことができた。②と③は減点方式で7割以上の得点で合格。私は第一種銃猟免許とわな猟免許を同時に受験したが、問題なく受験できるように配慮されていた。待ち時間が長い場合もあるので、暇つぶしに本などを持参しよう。

試験当日の流れ

①適性試験 →（合格者のみ）→ ②知識試験 →（合格者のみ）→ ③技能試験

※鳥取県の場合。都道府県によって順番は異なる。

①適性試験

合格基準：視力、聴力、運動能力について、以下の基準以上

【視力】

わな猟・網猟の場合・・・両眼0.5以上であること（一方の眼が見えない場合は、他眼の視野が左右150度以上で、視力0.5以上とする）

第一種、第二種銃猟の場合・・・両眼0.7以上、片眼0.3以上であること一方の眼が見えない、または0.3に満たない場合は、他眼の視野が左右150度以上で、視力0.5以上とする）

【聴力】※補聴器の使用が可能

10ｍの距離で90デシベルの警音器の音が聞こえること

【運動能力】※補助具の使用が可能

四肢の屈伸、挙手および手指の運動などが可能であること

②知識試験の内容

全免許共通
問題数　：計30問
制限時間：90分
合格基準：正答率70%以上
【設問】
法令や狩猟免許制度などに関する知識
猟具の種類や取り扱いなどに関する知識
狩猟鳥獣や狩猟鳥獣と誤認されやすい鳥獣の生態などに関する知識
個体数管理の概念など、鳥獣の保護管理に関する知識

③技能試験

※免許の種類によって、試験内容が異なる

合格基準：70%以上の得点（減点方式、30点以下の減点で合格）
【鳥獣判別】※判別を間違えた場合、1種類につき2点減点
全猟具（共通）・・・狩猟鳥獣と非狩猟鳥獣について16種類を判別
※対象となる狩猟鳥獣は、免許の種類によって異なる
（罠猟は、獣類のみ）
【猟具の取り扱い】※取り扱いができなかった場合、最大31点減点
わな猟、網猟の場合
使用可能猟具と禁止猟具を判別し、使用可能猟具1種類を、捕獲可能な状態に組み立てる（法定猟具の架設）
第一種銃猟の場合
銃器の点検、分解および結合、模造弾の装填、射撃姿勢、脱包操作、団体行動の場合の銃器の保持、銃器の受け渡し、休憩時の銃器の取り扱い、空気銃の操作（圧縮操作、装填、射撃姿勢）
第二種銃猟の場合
圧縮操作、装填、射撃姿勢
【目測】※第一種銃猟・第二種銃猟のみ試験を実施、間違えた場合、1種類につき5点減点
第一種銃猟の場合
300m、50m、30m、10mの目測
第二種銃猟の場合
300m、30m、10mの目測

出典：環境省　狩猟ポータルより　https://www.env.go.jp/nature/choju/effort/effort8/hunter/license.html

狩猟免許初心者講習会

技能試験の練習ができるのは大きなメリット

初心者講習会とは、狩猟免許を受験する人に対して猟友会が行う講習会のこと。予備講習、事前講習会など名称が異なる地域もあるが、狩猟免許試験に合格するためにも、できるだけ受けておくことをおすすめする。

というのも、試験本番では実際に猟具を扱う技能試験が行われるのだが、初心者講習会では試験と同等の猟具を用いた練習ができる。技能試験は、ぶっつけ本番でなんとかなるほど簡単ではない。あらかじめ練習しておかないと合格できないと考えておいたほうがいい。なかでも第一種銃猟免許の「銃の点検、分解および結合」と、わな猟免許の「法定猟具の架設」はできなければ31点の減点となり即不合格となってしまう。

狩猟免許試験の内容は都道府県によって異なるのだが、初心者講習会ではその地域の試験内容に準じた情報が手に入る。たとえば、わな猟免許の技能試験「法定猟具の架設」では、架設する罠を選べる都道府県もあれば、くくり罠一択の都道府県もある。

講習会に出ておけば、「試験では踏板式の箱罠と、ねじりバネ式のくくり罠の2択で試験が行われます」といった情報を得ることができる。さらに「鳥取県ではシカやイノシシの捕獲に限りくくり罠の内径は規定以上でも可」などのローカル情報を手に入れられるメリットもある。

地元猟友会のベテランハンターが基礎知識から実践的な問題まで、わかりやすく解説してくれる

初心者講習会の受講料は都道府県によってこんなにも違う！

初心者講習会の受講料（テキスト代込み）を、首都圏の1都6県で比べてみたところ、意外に差があることがわかった。定員が決まっていたり、補助金が出たりする場合もあるので、受講する予定の各都道府県や猟友会に問い合わせてみよう。

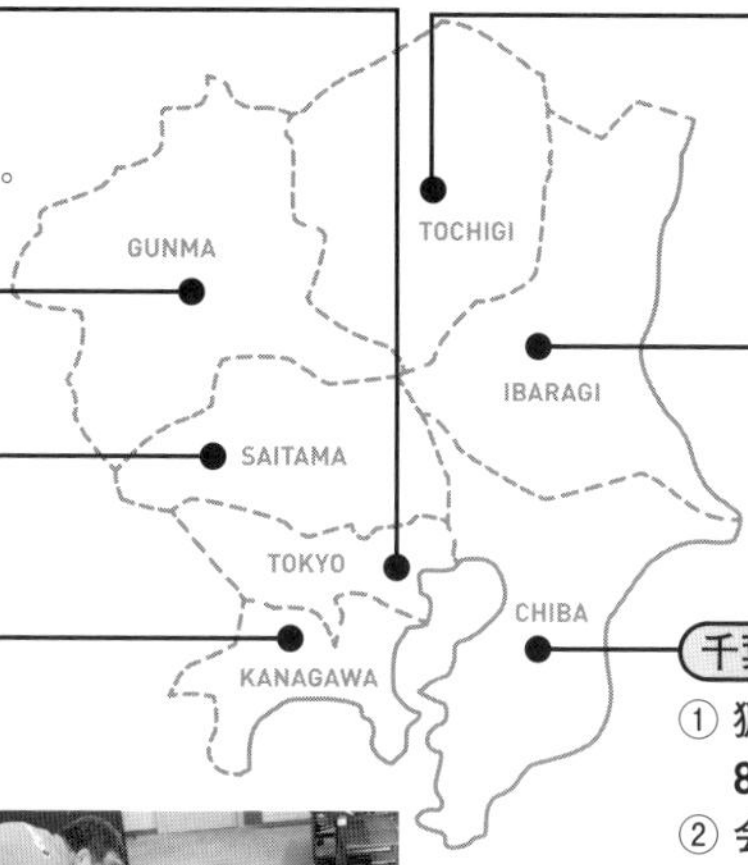

東京都
10,000円
※2種類以上受講は、1種類増すごとに5,000円増し。

群馬県
無料

埼玉県
3,670円

神奈川県
第一種と第二種 **15,000**円
網とわな **10,000**円

栃木県
第一種 **5,000**円
網、わな、第二種 **4,000**円
※併願の場合は1種類ごとに2,000円追加。

茨木県
8,000円

千葉県
① 猟友会員が受講する場合 **8,000**円
② 会員となる見込み **10,000**円
③ ①・②以外 **30,000**円
※昼食代含む。

Tips 初心者講習会に参加できない人は

初心者講習会に参加できない場合は、『狩猟読本』と『狩猟免許試験問題集』を入手して独学するしかない。本は猟友会で販売しており、猟友会の会員以外でも各1,650円（税込み）で購入できる。知識試験だけではなく、技能試験についても解説されている。『狩猟読本』はハンターの教科書のようなテキストなので、狩猟をはじめてからもなにかと役に立つ。技能試験はYouTubeの動画などでも勉強できるし、先輩猟師を見つけて教えてもらうという手もある。

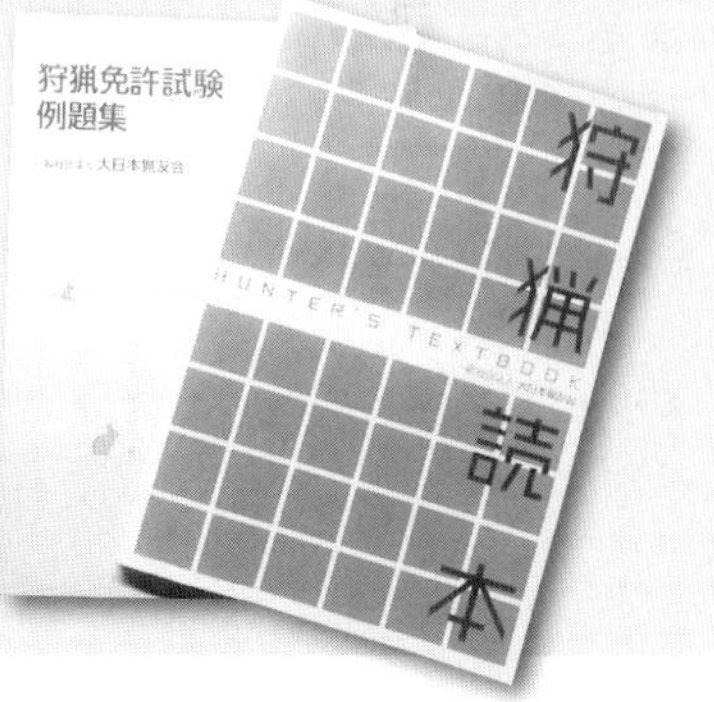

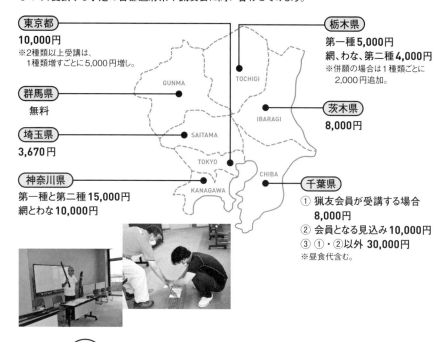

試験問題の傾向と対策

試験までにこれだけは勉強しておこう！

【全免許共通】
知識試験

知識試験は三者択一式で合計30問出題される。時間は90分、70％以上の正解で合格となる。私の受験時は、狩猟免許試験例題集にあった問題とほぼ同じか、アレンジした問題がほとんどだった。ただし、例題集と同じ問題だと思い込んで解答をすると、語尾などが肯定文ではなく否定文に変更されていることもあるので、問題をよく読んでから解くようにしたい。

【　例　題　】

【問】鳥獣の保護及び管理並びに狩猟の適正化に関する法律の目的についての次の記述のうち、適切なものはどれか。

ア　生物の多様性の確保、生活環境の保全及び農林水産業の健全な発展に寄与することを目的としている。

イ　狩猟を厳しく取り締まることにより、事故防止及び鳥獣の保護繁殖を図ることを目的としている。

ウ　野外レクリエーションの一環として秩序ある狩猟を普及することにより、国民の健康の増進と自然とのふれあいを推進することを目的としている。

【答】ア

「鳥獣の保護及び管理並びに狩猟の適正化に関する法律」とは、簡略化して「鳥獣法」と呼ばれる法律のことで、どれも常識的には間違っていないように思える。しかし、『狩猟読本』をよく読むと、「鳥獣法の目的は『鳥獣の保護及び管理並びに狩猟の適正化を図り、もって生物の多様性の確保、生活環境の保全及び農林水産業の健全な発展に寄与することを通じて…』」と書いてあるので、「生物の多様性」「生活環境の保全」「農林水産業の健全な発展」がキーワードだとわかるはず。

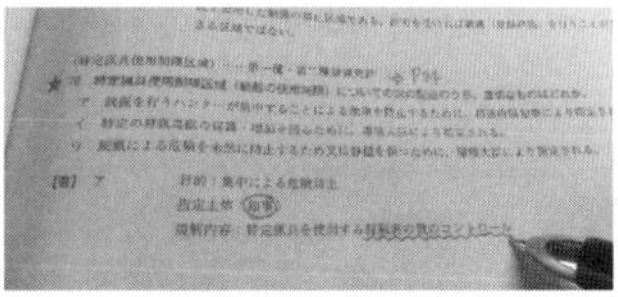

『狩猟読本』をしっかりと読んでおきたい

おすすめ勉強法

①例題集を解く

自分が受験しない猟法は除き、まずはひととおり例題集を解く

②間違えた問題は反復解答する

正解できなかった問題には印や付箋を付け、『狩猟読本』で勉強し直してもう一度解くことが大切

【全免許共通】
技能試験／鳥獣判別

技能試験のひとつが鳥獣判別だ。取得する免許の対象となる狩猟鳥獣と非狩猟鳥獣のイラストや写真が示されるので、狩猟鳥獣か否かを答え、狩猟鳥獣の場合はその種名を回答する（非狩猟鳥獣の種名を回答させる地域もある）。全部で16問出題され、１問間違えると２点減点。ほかの技能試験と合計で70点以上が合格なので、鳥獣判別での減点はなるべく抑えるようにしたい。

受験テクニックとしては、狩猟鳥獣の特徴と種名だけを覚えて、それ以外は非狩猟鳥獣だと答えるという方法もある。出題される狩猟鳥獣のイラストは、『狩猟読本』にあるイラストそのままが出題される県が多いようだが、写真で出題するところもあるようなので、事前講習会で情報を得ておこう。

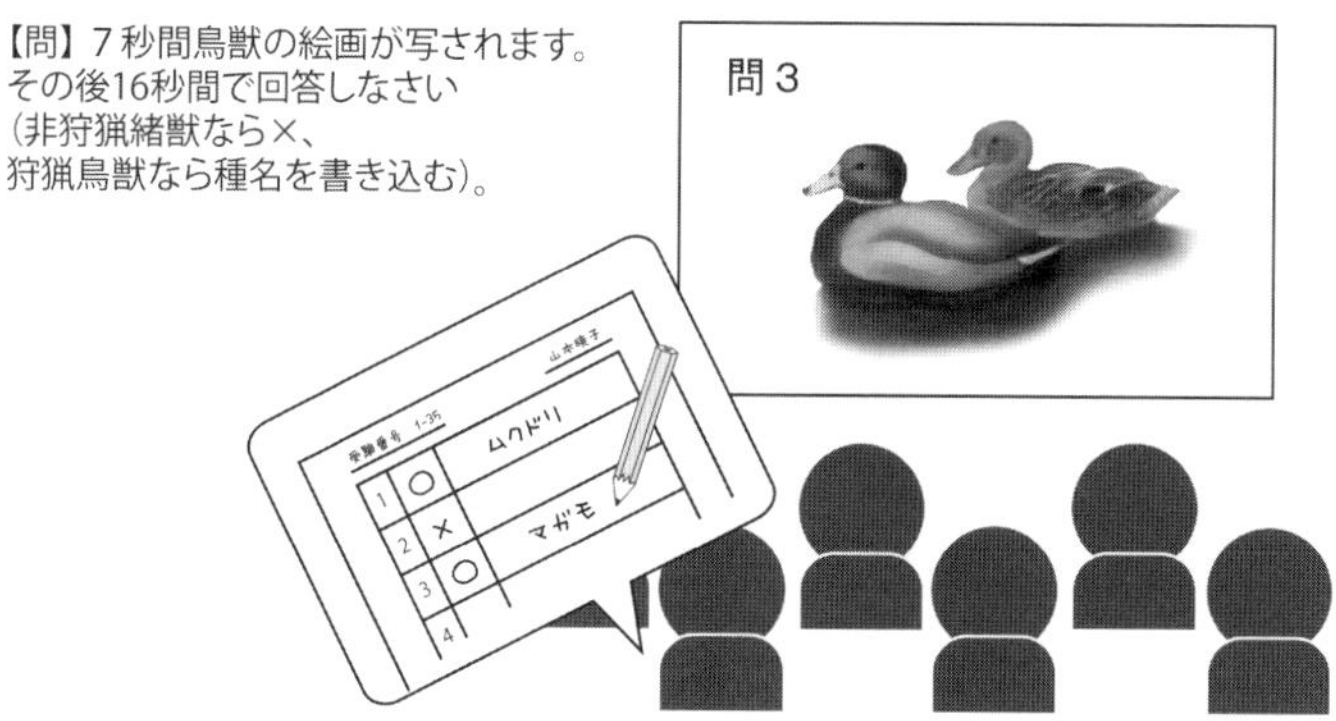

おすすめ勉強法

①狩猟鳥獣の暗記のコツ

鳥獣判別のヒントは、鳥獣の色や形といった特徴だけではなく、背景もヒントになる！　たとえば、市街地の公園などでよく見かけるヒヨドリは、背景にベンチに座った人の姿が描いてある。

②アプリを利用すると便利!

「WordHolic」という無料の暗記帳アプリがおすすめ。自分で画像と答えを登録しなければならないが、ランダムで表示してくれるので練習になる。

アプリを使えばこんなふうに問題が表示される

【わな猟免許】

技能試験／猟具の判別と罠の架設

わな免許の猟具の判別試験では、法定猟具と禁止猟具を判別する。6種類の猟具が並べてあり、それぞれ判定していく。通常は3種類の法定猟具と、3種類の禁止猟具が出題される。

罠の架設試験では、指定の法定猟具を実際に設置する。箱罠かくくり罠のどちらかを選べるのであれば、くくり罠よりも操作がしやすい構造の箱罠にしたほうが失敗しにくい。ただし、くくり罠だけを指定している県もあるので注意したい。都道府県によって、表札の取り付けまでを一連の動作とするところや、罠の作動確認まで行わせるところもあるので、できれば事前講習会に参加して確認しておきたい。

【 例 題 】

【猟具判別】

使用可能な猟具と禁止猟具を判別する。

一般的には下記６種類が出題されるが、ストッパーの有無などが判断ポイントになる。

使用可能猟具

箱罠

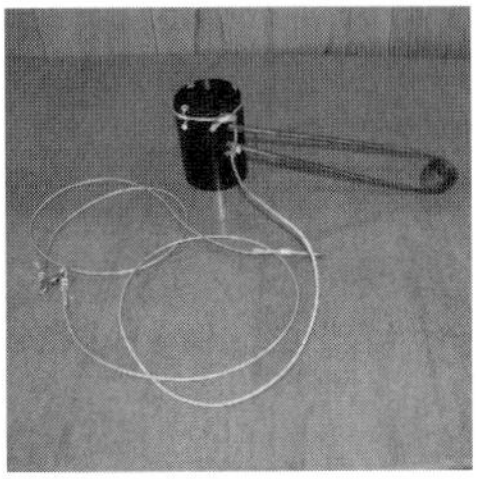

くくり罠

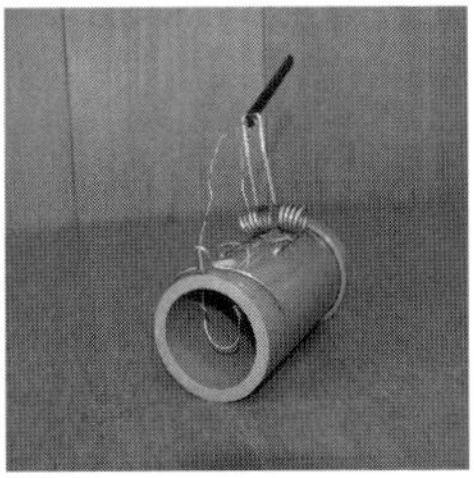

筒式イタチ捕獲機
（ストッパー付き）

禁止猟具

とらばさみ

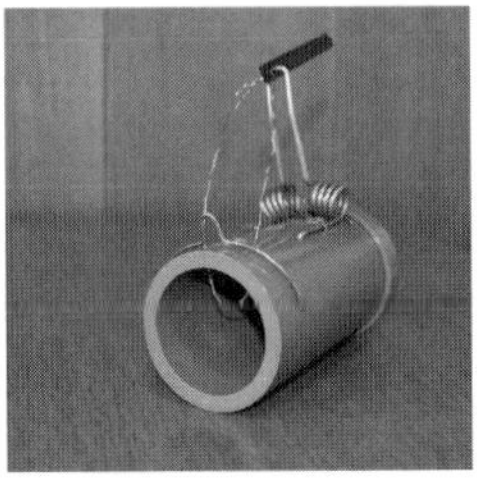

筒式イタチ捕獲機
（ストッパーなし）

箱落とし
（ストッパーなし）

【銃猟免許】
技能試験／項目多数

銃猟免許の技能試験はたくさんの項目がある（P.93参照）。とくに第一種銃猟免許は盛りだくさんで、散弾銃だけでなく空気銃を取り扱う試験もある。先に銃所持許可証を取得している人や、模擬銃を所持している人など、実際に銃を取り扱っている人でないと対応できない内容なので、事前講習で必ず勉強してほしい。

私は事前講習で銃の分解・組み立て、射撃姿勢、圧縮などの操作の見本を講師に実演してもらい、スマホで撮影。家に帰って木の棒を銃に見立て、その動画を見ながら練習した。

【 例 題 】

【距離の目測】

示された距離を答える。

私の場合、試験会場の窓際に立って試験官から「右手にある白い看板はここから大体何mですか？」と出題されたが、第一種銃猟免許では30mと50mの違いを目測するのが難しいかもしれない。Google Mapで直線距離の計測ができるので、あらかじめ試験会場から30m、50mの距離はどれくらいかを確認しておくと、目測するときも間違えにくい。

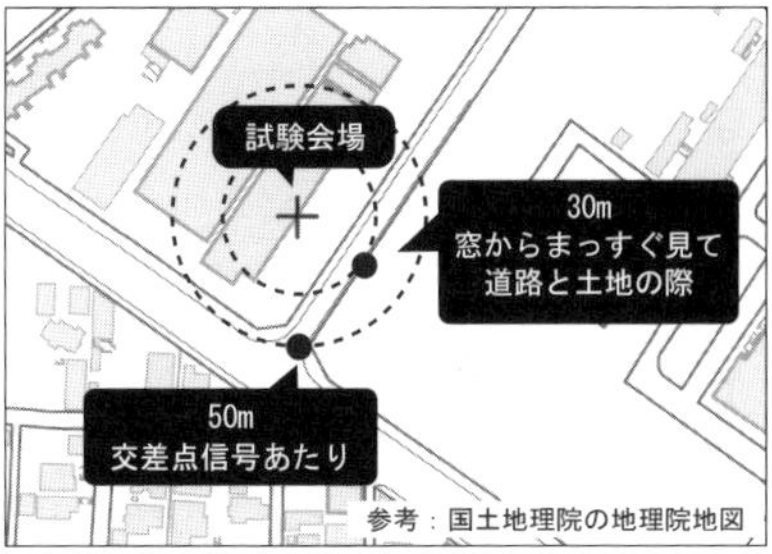

Tips 銃を取り扱うときはココに注意！

試験の際の銃の取り扱いには大きな減点ポイントがあるので、細心の注意を払おう。右の気をつけるべきポイントは、ひとつにつき5〜10点減点される。過度に注意を払っても減点されないので、注意しすぎなくらいがちょうどいい。

- 銃口を人に向けない
- 用心鉄（トリガーガード）に手を入れない
- 銃を粗暴に扱わない
- 銃を受け取った直後や、手放す前などに、必ず薬室を開放して「銃口内、実包なし、異物なし」と言葉に出して確認する

狩猟の現場に立つ

合格したら狩猟税を払って狩猟者登録をする

無事に狩猟免許試験に合格したら、狩猟免状が発行される。これは3年間有効で、更新時にも必要になるので自宅で大事に保管すること。

しかし、これだけでは狩猟の現場に立つことはできない。実際に狩猟を行うには「狩猟者登録」が必要だ。狩猟をする都道府県に申請をして、その年度の猟期分の狩猟税を納める手続きを完了し、初めて狩猟の現場に立てるのだ。おおむね毎年9月中旬から狩猟者登録の手続きがはじまるので、猟期初日から出猟できるように早目に手続きの準備をするハンターが多いが、猟期途中からでも手続きはできる。

登録手続きを終えると、狩猟者登録証と狩猟者記章、ハンターマップなどが配布される。狩猟者登録証と狩猟者記章は、狩猟時に携帯が義務づけられているので注意してほしい。

狩猟者登録で留意したい点は3つ。

①都道府県ごとに手続きが必要

②毎年度手続きが必要

③狩猟税の月割計算などはできない

たとえば、私が鳥取県と兵庫県にまたがる山間で狩猟をする場合、両県で狩猟者登録が必要で狩猟税も2倍かかる。片方だけの登録であれば、県境を意識して狩猟しなければならない。また、1月に狩猟者登録をしたとしても11月に登録した人と同じ金額を払わなければならない。

狩猟者記章は免許の種類によって色分けされている。また、デザインは都道府県によって異なる

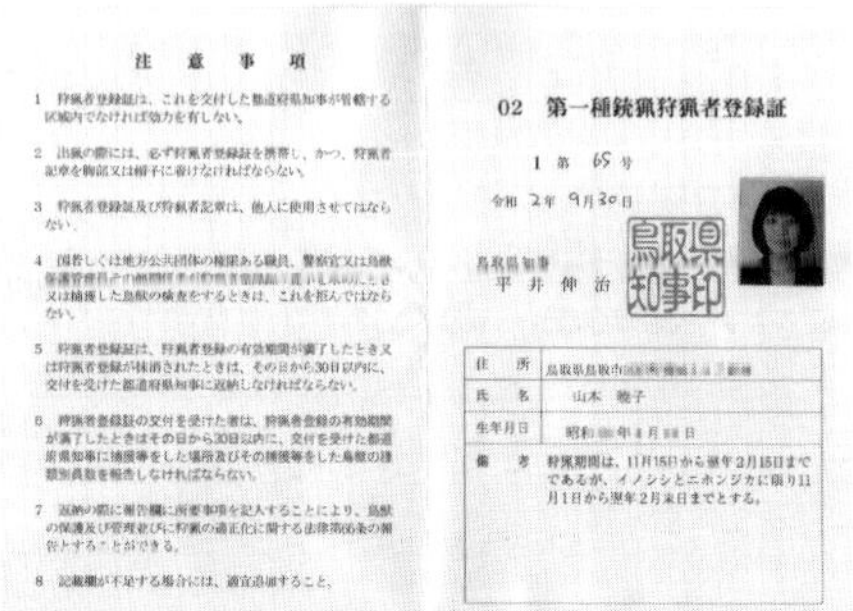

注意事項

1　狩猟者登録証は、これを交付した都道府県知事が管轄する区域内でなければ効力を有しない。

2　出猟の際には、必ず狩猟者登録証を携帯し、かつ、狩猟者記章を胸部又は帽子に着けなければならない。

3　狩猟者登録証及び狩猟者記章は、他人に使用させてはならない。

4　国若しくは地方公共団体の権限ある職員、警察官又は鳥獣[illegible]又は捕獲した鳥獣の検査をするときは、これを拒んではならない。

5　狩猟者登録証は、狩猟者登録の有効期間が満了したとき又は狩猟者登録が抹消されたときは、その日から30日以内に、交付を受けた都道府県知事に返納しなければならない。

6　狩猟者登録証の交付を受けた者は、狩猟者登録の有効期間が満了したときはその日から30日以内に、交付を受けた都道府県知事に捕獲等をした場所及びその捕獲等をした鳥獣の種類別員数を報告しなければならない。

7　返納の際に報告欄に所要事項を記入することにより、鳥獣の保護及び管理並びに狩猟の適正化に関する法律第66条の報告とすることができる。

8　記載欄が不足する場合には、適宜追加すること。

02　第一種銃猟狩猟者登録証

1　第　65　号

令和　2年　9月30日

鳥取県知事
平　井　伸　治

鳥取県知事印

住　所	鳥取県鳥取市
氏　名	山本　暁子
生年月日	昭和　年　月　日
備　考	狩猟期間は、11月15日から翌年2月15日までであるが、イノシシとニホンジカに限り11月1日から翌年2月末日までとする。

狩猟者登録をすると狩猟者登録証、狩猟者記章、ハンターマップが配布される

狩猟者登録に必要な書類

※下記は出猟したい都道府県に申請する際の標準的な例。都道府県によって異なることがある。

狩猟者登録申請書

狩猟免状

損害賠償能力（3,000万円以上の保障が可能であること）を証明するもの

下記のうちいずれか1部を提出
- 一般社団法人大日本猟友会の共済事業の被共済者であることの証明書
- 損害保険会社の被保険者であることの証明書
- 上記に準ずる資金信用を有することの証明書

写真2枚（狩猟免許の種類ごとに必要）

縦3cm×横2.4cm
申請前6カ月以内に撮影した無帽、正面、上三分身、無背景の写真
※裏面に、氏名・撮影年月日を記載

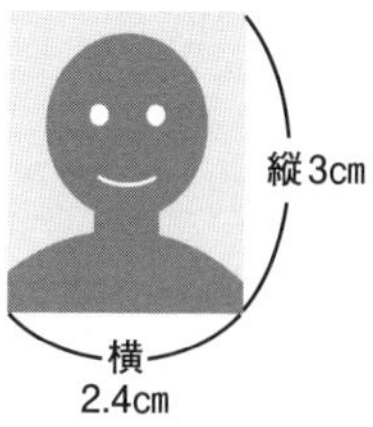

登録手数料・狩猟税

- 手数料……………1,800円（各免許ごとに必要）
- 狩猟税

  第一種銃猟……16,500円

  第二種銃猟………5,500円

  わな猟………………8,200円

  網猟…………………8,200円

※県民税の所得割の納付を要しない者は減額される。
※手数料や狩猟税の納付は、登録する都道府県ごとに必要。
※有害鳥獣駆除者などは減額される場合がある。

「第一種銃猟免許」と「わな猟」を登録する場合
- 写真が4枚
- 登録手数料が
  1,800円×2＝3,600円
- 狩猟税が
  16,500円＋8,200円＝24,700円

が必要です！

参考元：環境省　https://www.env.go.jp/nature/choju/effort/effort8/hunter/register.html

Tips
「賠償能力を証明するもの」について

会費を払って猟友会の構成員になり、大日本猟友会の狩猟事故共済保険に加入しているハンターが大半を占める。しかし、最近は「猟友会にメリットを感じない」「会費が高い」という理由で、一般のハンター団体保険などに入るハンターも少なくない。

Column 05

網猟ってどんな猟?

狩猟について話をするとき、いつも割愛されるのが網猟。それもそのはず。全国の猟友会の会員数約10万人のうち、網猟の会員はたったの280人くらいしかいない。

網を使って主に鳥類を捕獲する猟法である網猟の特徴は、銃で鳥類を捕獲するときのように弾で獲物の体を傷つけてしまう心配がないことだ。とくに散弾銃は広範囲に弾が当たるので、内臓を傷つけたり食べられない部分が出たりしてしまう。その点、網であれば肉を傷つけることなく捕獲できる。

「究極のカモ肉が手に入るのは網猟なのでは?」と思い、私は網猟免許を取得することにした。予想どおり受験したのは私ひとり。無事合格したが、地元で網猟をしている人は引退していたので、鹿児島県と京都府の網猟師に教わることにした。全国的に人気なのは「無双網」という方法。鳥の集団が飛んできたら、地面に伏せておいたテニスコートのネットを縦に大きくしたような網を起こして、反対側に倒すことで鳥にかぶせて集団ごと捕獲する方法だ。

ホントにそれで捕れるのか半信半疑な部分もあるが、一度に50羽を捕獲するベテランもいるらしい。ただ、鳥の習性をよく知ったうえで網を配置する必要があり、初心者がそう簡単に捕れるものではない。カモの場合は日没後の食事中を密かに狙うので、暗闇での捕獲作業となるため、より難易度は高いと予想している。

残念ながらまだ実践の機会には至ってはいないが、究極のカモ肉を夢見ながら、着々と網の仕掛けを作製中である。

一度に50羽のカモを捕獲するベテランも!

暗闇のなか、ヘッドライトで照らしながら無双網の猟を行う。このときは20匹以上のマガモを捕獲したそうだ　(写真/ジビエ食肉処理施設大幸)

Chapter

06

罠猟のはじめ方

まずは銃を使わないのではじめやすい罠猟のやり方を解説する。
罠をかける場所、獲物がかかったときの対処法など、
実践的な技術を身につけよう。

Let's go
trap hunting !

罠猟とは？

行動を読んで、見えない獲物を捕獲する

罠猟の行程

獲物の情報集め（フィールドサイン、習性、目撃情報）
→ 場所の選定
→ 罠設置
→ 見回り
→ 捕獲
→ 止め刺し
→ 運び出しと解体
→ 罠の継続 or 移設

狩猟免許取得者数のなかで、最も数が多いのが罠猟免許だ。銃猟に比べて狩猟税が安く、銃を所持するための煩雑な手続きも不要。しかも銃はそれなりの値段がするものが多いのに対して、罠猟ならひとつ6000円前後の「くくり罠セット」を購入すれば、すぐに猟をはじめることができる。

罠にはくくり罠のほかに、エサを使って金属の檻に獲物を誘引する箱罠もある。シカやイノシシを狙う大型の箱罠は安くても7万円ほどするので、初期投資は必要。しかし、長く使えることを考えれば法外な値段ではない。

くくり罠でも箱罠でも、罠にかかった獲物は興奮して暴れることも多いが、ワイヤーや檻によってハンターとの安全な距離が確保されているので、初心者には心強い。止め刺しの方法も状況に応じて選ぶことができるので、自由に動き回る獲物を狙う銃猟よりも確実性が高いだけでなく、安全性も高いといえるだろう。

罠猟には心理戦のおもしろさがある

とはいえ、罠をしかけたからといってホイホイかかってくれるほど、野生動物は単純でも鈍感でもない。「もしかしてこれって罠？」と獲物に思われたら負け。最後まで騙し通すための知識や技術、そして経験が必要なのはいうまでもない。事実、私も自分でしか

くくり罠と箱罠の比較

	くくり罠	箱罠
		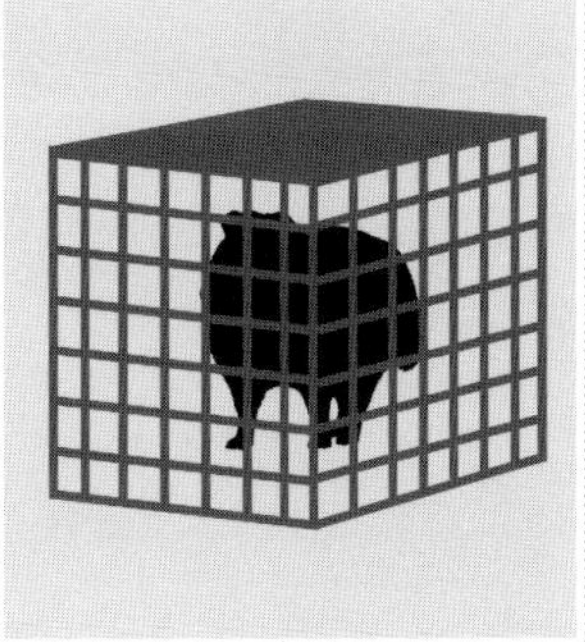
1 基で可能な捕獲頭数	1頭	1〜多頭
1 基あたりの価格	6,000円程度	小・中型：4,000円〜 大型：70,000円〜
餌付けの必要性	なし	あり
止め刺しの安全性	○	◎
設置の技術	必要	あまり必要ない
その他特徴	ひとりでも設置できる。 小型かつ軽量で 設置可能範囲が広い	大型は移設しにくい （最近は軽トラで運べる 大型箱罠もある。）

けたくくり罠で初めて獲物を獲るまでに、5カ月近くかかっている。

実際に山を歩いてみるとわかると思うが、ここなら罠をかけるのにぴったり！という場所はけっして多くはない。林業関係者やハイカーの通り道にはかけられないし、山の所有者が罠の設置を認めないケースもある。罠猟ではそういう人たちに配慮しながら、獲物がいそうな場所を選定し、獲物に警戒されないように罠を設置しなければならない難しさがある。

こう書くといろいろと大変そうに感じるかもしれないが、実はこれが楽しい要素でもある。姿が見えない動物たちの痕跡を探し、そこから得られる情報や習性などを考えて罠をかける場所を決める。それはまさに心理戦でもあり、シミュレーションゲームや推理小説のようなおもしろさがある。

くくり罠とは？

ワイヤーで獲物の脚をくくって捕獲する

くくり罠の仕組み（押しバネの場合）

1
スネアを筒にはめて踏板を載せ、バネを押し縮めて罠を設置
2
踏板を踏んでスネアが外れると、バネが延びてスネアが締まる
3
獲物の脚がワイヤーでくくられて逃げられなくなる

ワイヤーで動物の脚（まれに胴なども）をくくって逃げられない状態にして捕獲するのが、「くくり罠」だ。狩猟免許試験でよく出題される「筒式イタチ捕獲機」もくくり罠の一種だが、一般的にはシカやイノシシの脚をくくるタイプの罠を指す。

罠猟をやったことがない人にくくり罠を手渡すと、ほとんどの人が「なにがどうなって獲物を捕獲するの？」と首をかしげることが多い。というのも、くくり罠の構造は一見、単純に見えるが、実はいろいろなパーツや仕掛けから構成されているので、実際に作動させてみないと、なかなかピンとこないかもしれない。まずは説明書をしっか

くくり罠の構造（押しバネの場合）

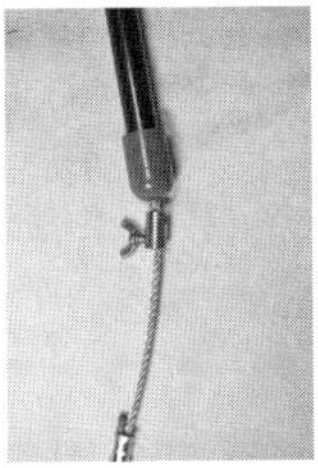

ワイヤーロック
押し縮めたバネが戻らないように蝶ネジを回して固定するパーツ

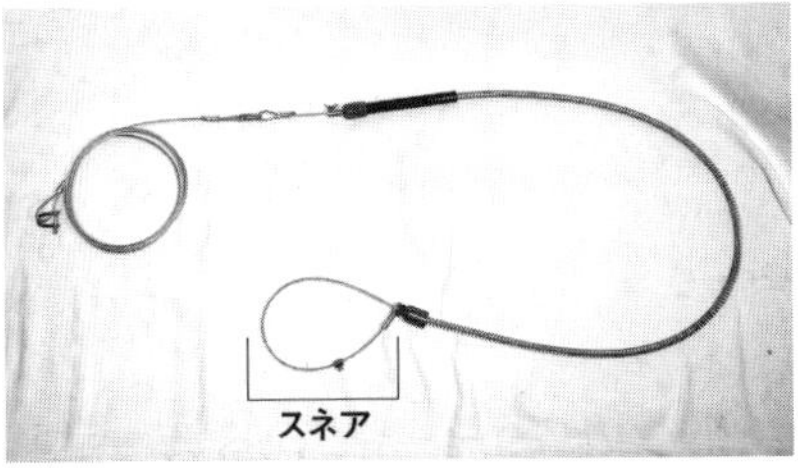

バネが伸びた状態のくくり罠 スネア部をトリガー（踏板）に巻き付けて、バネを縮めてテンションをかけて設置する

トリガー ミゾにスネアを引っかけておく。獲物が踏板を踏むとスネアが外れて脚をくくる

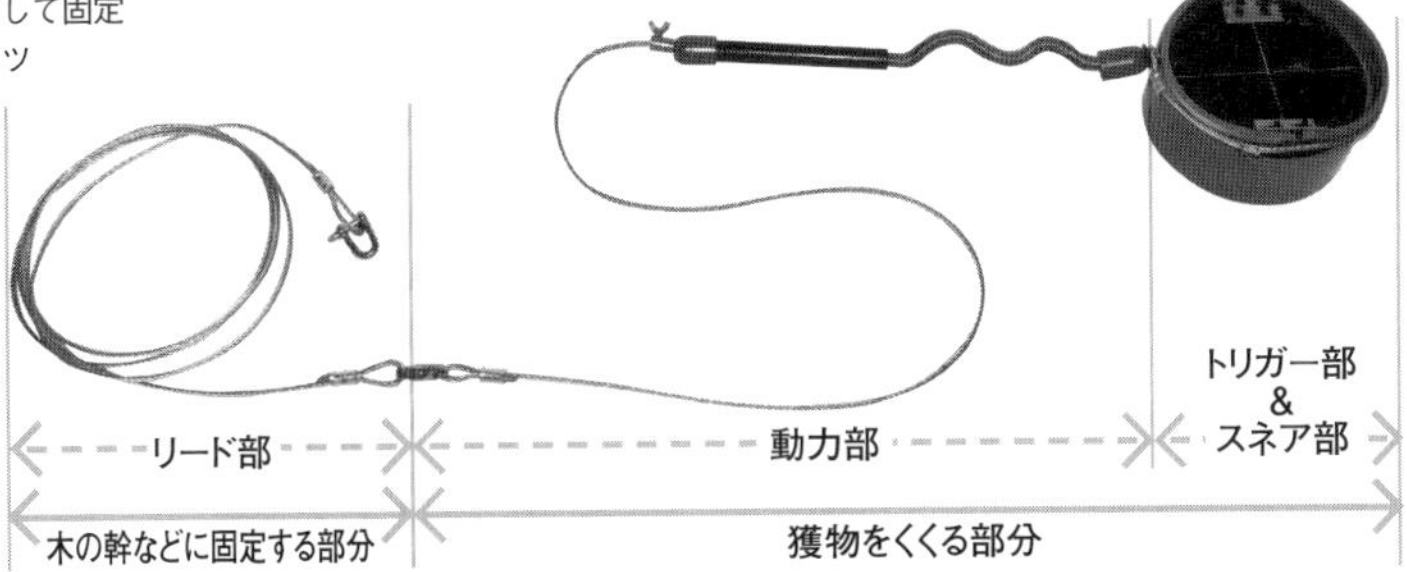

より戻し（必須）
罠にかかった獲物が暴れてワイヤーがねじれて破断するのを防ぐために装着する

締め付け防止金具（必須）
ワイヤーが締まりすぎて動物の脚がちぎれるのを防ぐ

りと読んで、自宅で実際に稼働させてみたほうがいい。

くくり罠の基本構造

くくり罠の基本構造は上図のように、「木などに固定する部分」と「獲物をくくる部分」に分かれていて、後者は動力部とスネア&トリガーで構成されている。獲物をくくる輪（スネア）には、押し縮められたバネが伸びようとするテンションがかかっている。これらが実際どのように働くかを説明すると、①動物が踏板を踏むことでトリガーが作動 ②動力部のバネが伸びてスネアが締まる ③獲物の脚がスネアにくくられる という流れになる。

次ページで紹介するように、くくり罠のバネにはいくつか種類があるが、基本的な構造と動きは同じなので、まずは基本動作を理解しておこう。

※締め付け防止金具は法定部品。自分の身を守るためにも必ず取り付けてほしい

くくり罠のバネの種類

バネとトリガーの組み合わせで仕組みが異なる

くくり罠を作動させるうえで最も重要な動力となるバネは、大まかに「押しバネ」「ねじりバネ」「引きバネ」という3種類に分かれる。そのなかで扱いやすさという点で人気なのが、押しバネとねじりバネだ。

押しバネは、螺旋状に巻かれたバネを押し縮めた状態で罠をかけ、バネが伸びる力でスネアが締まる。安全で値段も安く部品も手に入れやすく、使える場面も多い。ねじりバネは、ねじった金属がもとに戻るときのパワーを利用する。構造も単純で再利用できるが、扱い方を間違えると誤って発動したバネで大ケガをする危険もあるので、慣れないうちは使わないほうが無難だ。

引きバネは私も何回か設置したことがあるが、トリガーの設置が面倒くさくてやめてしまった。押しバネとねじりバネは穴を掘って埋めるのに対し、引きバネは穴を掘る必要がないことが多く、猟場を荒らさずに設置できて罠の存在がバレにくい。

トリガー部分も踏板式だけでなく、跳ね上げ式、蹴り糸タイプなどがある。私は主に動力2種類×トリガー3種類=計6種類の組み合わせを用意しており、罠をかける場所の地形や土壌といった環境に合わせて罠を替えるようにしている。こうして各パーツの特性を理解して組み合わせるのも、くくり罠のおもしろさといえるだろう。

くくり罠の注意点

- イノシシとシカを捕獲する場合は、直径は4㎜以上のワイヤーを使い、より戻しを装着する
- 締め付け防止金具を必ず装着する
- 獲物を吊り上げることができるような構造のくくり罠は禁止
- ひとりで設置可能な罠の数は30基まで
- 輪の直径が12㎝を超えるくくり罠は禁止（都道府県によっては一部解禁されている）
- 狩猟鳥獣であっても、鳥類とヒグマとツキノワグマはくくり罠での捕獲は禁止

動力（バネ）の種類と仕組み

●押しバネ

バネが伸びる力を利用

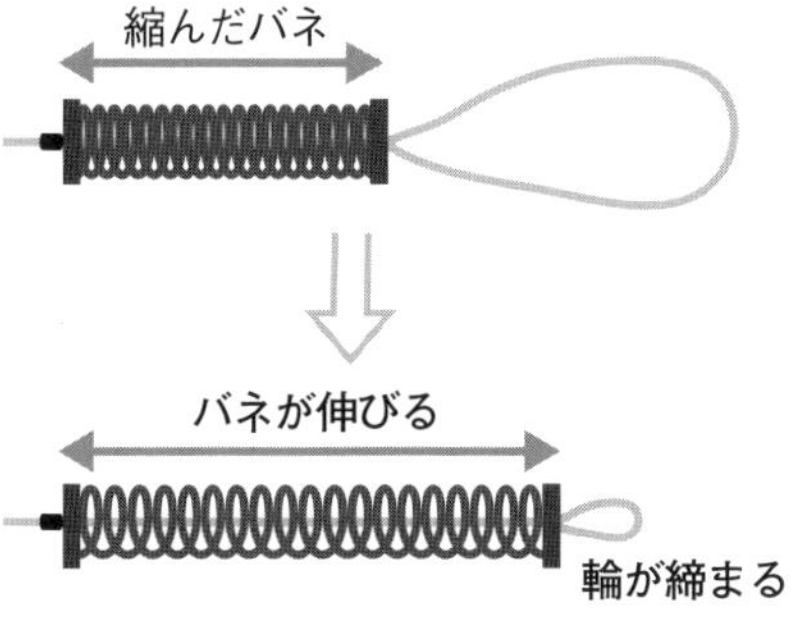

縮めたバネが元に戻ろうとして伸びる力を利用。
バネが伸びた分、輪が縮まる

●ねじりバネ

バネが開く力を利用

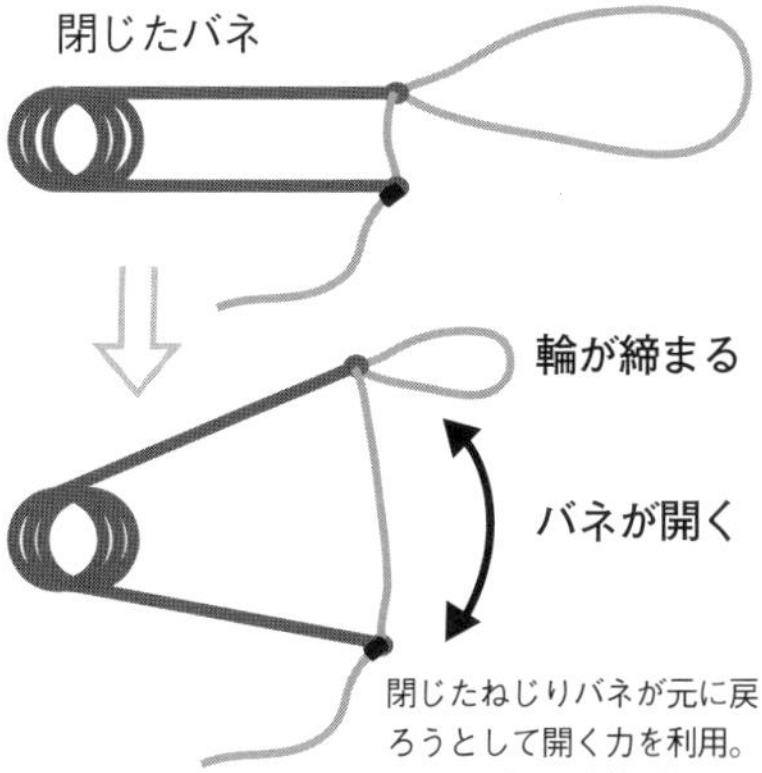

閉じたねじりバネが元に戻ろうとして開く力を利用。
ねじりバネの先端が開いた分、輪が締まる

●引きバネ

バネが縮む力を利用

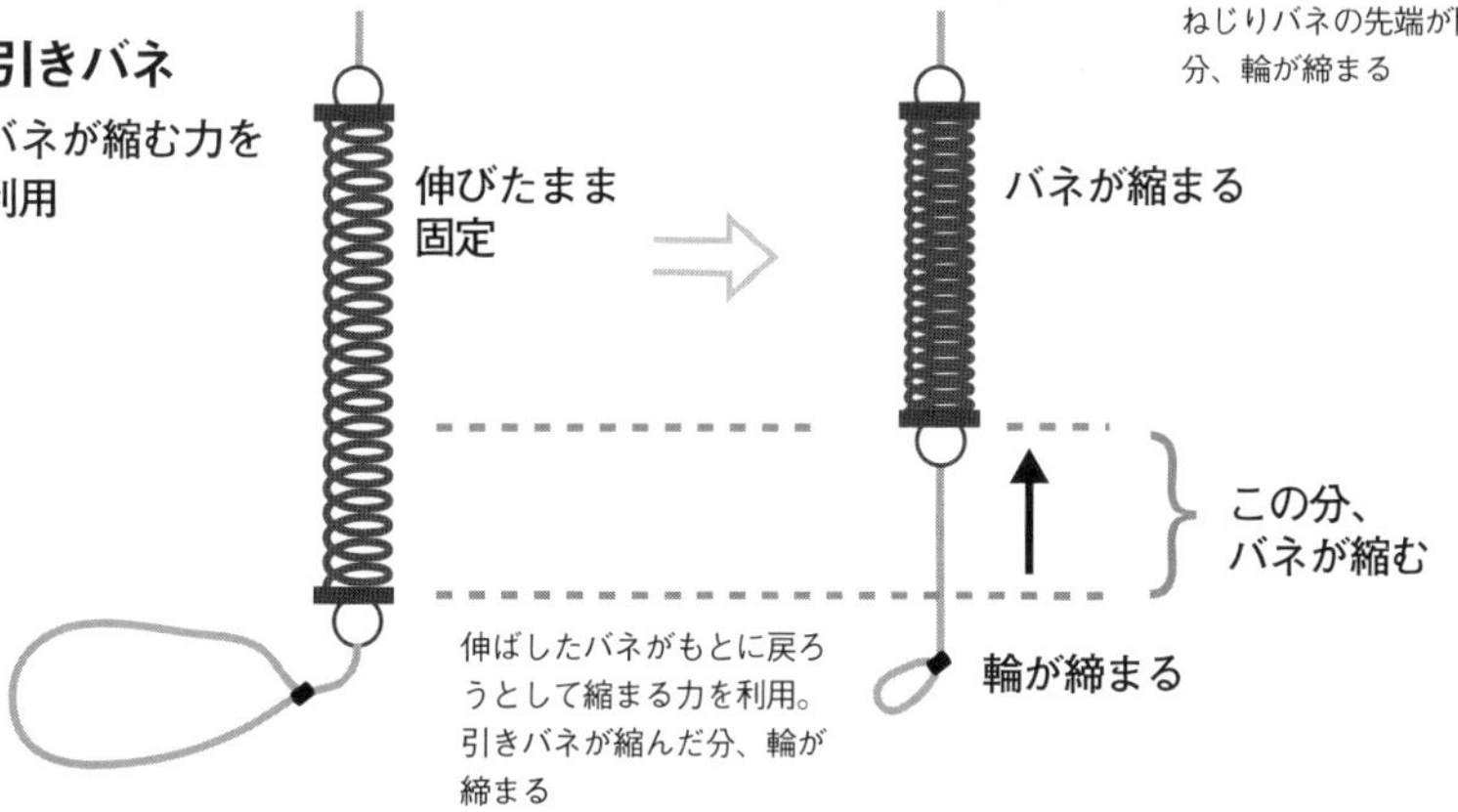

伸ばしたバネがもとに戻ろうとして縮まる力を利用。
引きバネが縮んだ分、輪が締まる

トリガーもいろいろ

二重パイプ式

跳ね上げ式

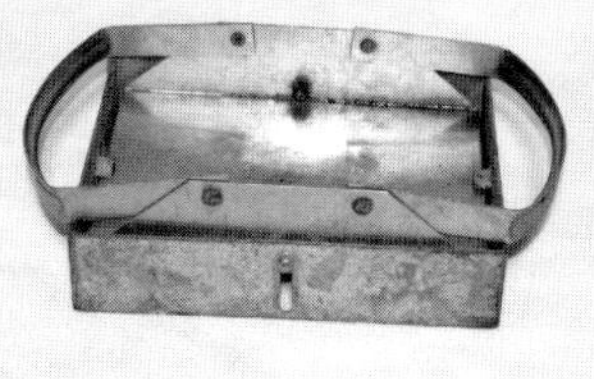

ジャンプ式

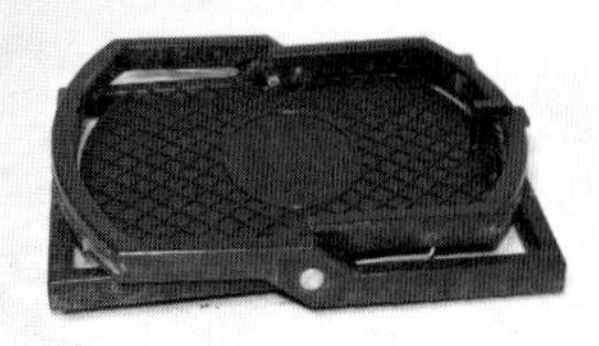

動力を起動させるトリガーにはいろいろな種類があるが、板を踏むとそれが落ちたり割れたりすることで、動力（バネ）の力が直接ワイヤーにかかるものが一般的

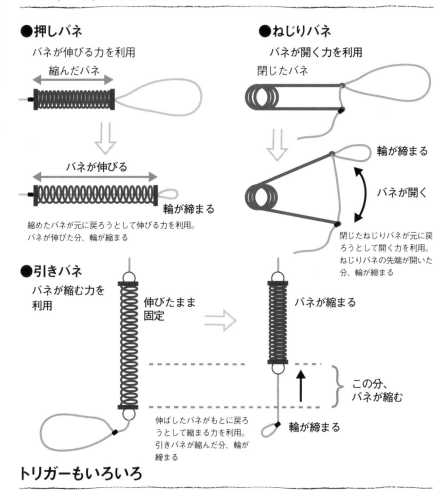

くくり罠の入手と自作

最初はメーカーの既製品を使うのが無難

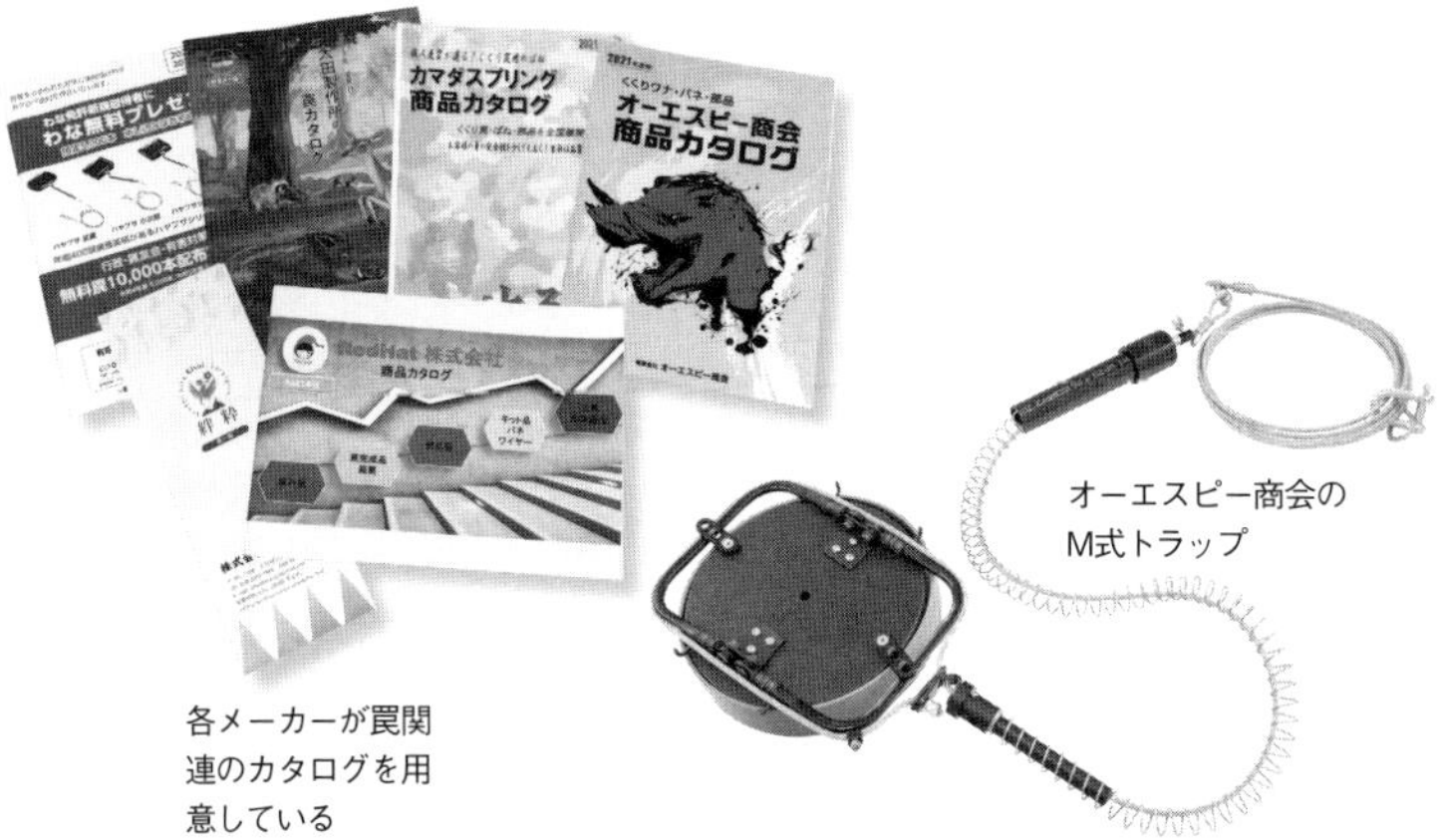

各メーカーが罠関連のカタログを用意している

オーエスピー商会のM式トラップ

くくり罠はさまざまなメーカーがつくっているので、私の知り合いのベテラン猟師の多くがこうした既製品をネット通販などで購入している。罠猟ビギナーの場合も、最初は完成品を購入して罠猟をはじめるのが無難だ。

私もいろいろなタイプのくくり罠を購入して使ってみたが、有名メーカーの商品はどれもよくできていて、甲乙つけがたいという印象。それぞれに特色はあるが、どの罠でも獲物を捕獲することができた。罠をかける地域の自然条件や地形なども考慮して、自分の使用環境に合ったものを選べばいいと思う。

もし迷った場合は、バネは「押しバネ式」、トリガーは「跳ね上げ式」の罠を選択したほうが失敗は少ないはず。いま、友人にオススメのものを教えてと聞かれたら、オーエスピー商会というメーカーの「M式トラップ」という押しバネ式を選ぶと思う。設置もしやすく汎用性が高いのに、手ごろな価格だからだ。

既製品と自作罠との価格差は?

現在、私はトリガーだけ既製品を購入し、それ以外はパーツを入手して自分でつくっている。「自作なんてできるの?」と思うかもしれないが、罠の構造を理解して必要な工具などをそろえれば、自作もそれほど難しくはない

罠を自作するのに必要な工具もいろいろある

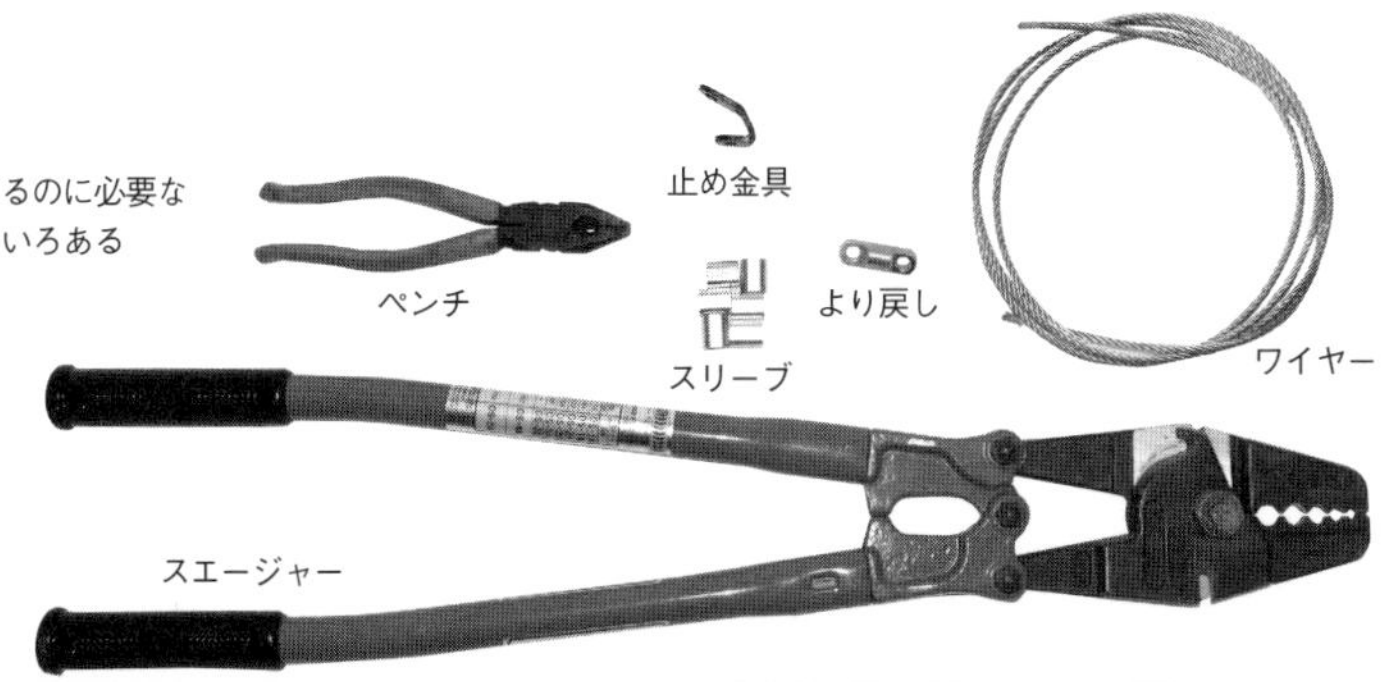

自宅でくくり罠を黙々と自作する私

し、使用後の点検とメンテナンスも自分でできるようになる。

　もちろん、初心者がいきなりやろうとすると、設計ミスや部品の装着ミスなども起きやすい。強度や構造に問題があると獲物に逃げられてしまうだけでなく、事故にもつながりかねない。自作すれば安上がりと考える人もいるが、既製品とのコスト差は1基あたりせいぜい1000円ほどなので、購入することをオススメする。

　一度獲物を捕獲したくくり罠は、かならず点検とメンテナンスを行う必要がある。とくにワイヤーは再利用できそうに見えても、内部で破断している可能性があるので必ず交換してほしい。こうした作業を繰り返していくうちに、罠の組み立て作業に慣れ、パーツの役割やワイヤーの長さの意味などに気づくようになるはずだ。

くくり罠の設置場所

獣道《けものみち》と獲物の痕跡を探す！

もし学校の校庭に「落とし穴」を掘るとしたら、どこに掘るだろう？　きっと出入り口や競技トラック上、遊具の近くを選ぶのではないだろうか。これらの共通点は足跡がたくさんあり、人が日常的によく通る場所ということだ。

校庭よりもさらに広大な山の中にくくり罠をかける場合も、基本的な考え方は同じ。動物が〝頻繁に通る道〟に設置するのがセオリーだ。実は人間と同じで、動物にも〝日常的に使う道〟があり、これは「獣道《けものみち》」と呼ばれる。何度も動物が通るので、そこだけ草が生えていなかったり、落ち葉が少なかったりするので、肉眼でも確認しやすいと思う。こうした獣道は、動物たちが水飲み場や餌場などの目的地に移動するルートでもある。なかなか獣道が見つけられない場合は、まず水場やエサが豊富な場所を探し出して、そこから獣道を割り出すという方法もある。

動物と同じ目線で観察する

獣道が見つかったら、次はその道を自分が狙っている獲物が通っているかどうかを確認する。その際に手がかりとなるのが、動物が無意識に残していく痕跡、つまりフィールドサインだ。野生動物の痕跡は意識しなければまず気づかないが、動物と同じように目線を低くしてよく観察すると、いろいろな痕跡が発見できるはずだ。数ある痕跡のなかでも最も見つけやすいのが「足跡」だ。斜面で土が露出しているところや、獣道上にある倒木の近くが発見しやすい。ほかにも食痕、糞などその動物特有の痕跡はたくさんある。

獲物の存在を手っ取り早く確認できるツールが、トレイルカメラだ。1台1万円ほどで買えるので、罠をかけられそうな獣道のそばに設置してみよう。獣道を通る動物が確実に判定できるだけでなく、動物の生態を観察することもできる。また、夜間に車からライトを照らして動物の目が反射するのを確認するライトセンサスという方法なら、動物の種類だけでなく数やよく出入りする道なども目視で確認できる。

イノシシとシカのフィールドサイン

	イノシシ 	シカ
足跡	 シカよりも太く、湾曲していて、 副蹄が付くことが多い	 足跡はイノシシよりも細長い。 副蹄はつきにくいが、 足跡が深くつく地面には残ることがある
食痕	・地面を掘り返した痕 ・米ぬかは舐め取るように食べる	・葉や木の実をかじった痕 ・木の皮を剥いだ痕 ・米ぬかはつまむように食べる 
フン	 塊粒が長細くつながっている	大きな大豆のような大きさで、俵形。パラパラと落ちている 
特徴	・木などで牙を研いだ痕 ・枝や葉っぱを寄せ集めたような寝床（寝屋）	・木で角を研いだ痕 ・春先と冬前の抜け毛 ・角（春先に角が生え変わるため、古い角は落ちる）   ・シカの寝屋（草が倒れていたり、落ち葉の重なりが薄くなっていたり、土が露出していたりする）
共通	 ヌタ場（イノシシやシカが寄生虫を落とすために泥浴びする場所）	木や竹などに身体に着いた泥をこすった痕 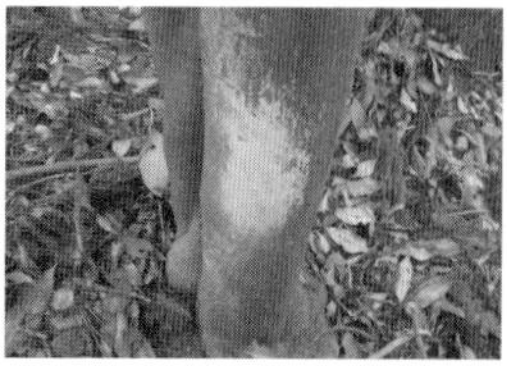

くくり罠をかける

獣《けもの》道《みち》のどこに罠をかければいいのか？

動物の痕跡を頼りに獣道が複数見つかったら、なるべく〝最近〟〝頻繁〟に通ったと推察できる道を選んで、罠をかけよう。では、その獣道のどこに罠をかければいいのか？　選定ポイントは次の3つ。

①丈夫な根付けが近くにある
②安全性が高い
③動物が「そこしか踏めない」

①の根付けとは、くくり罠のリードをくくりつける丈夫な木や根のこと。できれば罠の設置場所から1ｍ以内がベスト。スギやヒノキなどの商品価値のある木は傷つけると山林所有者に怒られることもあるので、なるべく雑木や広葉樹のほうがいい。

②の安全性については、罠を設置することばかりに気を取られて忘れがちになるので、ぜひ罠をかける前に冷静になって「獲物がかかったときのこと」を想像してから設置してほしい。できれば自分視点だけでなく、他者と動物という3者の視点で想像するとわかりやすい。

③の動物が「そこしか踏めない」場所とは、動物がトリガーを踏まざるを得ない場所という意味。もし適した地形が見つからなければ、枝や石などの障害物を使って、「そこしか踏めない場所」を人為的につくり出してしまうのもひとつの手だ。

もちろん、動物も人間と同じで、神経質な個体もいれば注意散漫な個体もいる。バレないように丁寧に設置したはずなのに「ここにあるのはわかってるよ」といわんばかりに、きれいに罠とワイヤーの周辺を掘り出して去っていくイノシシもいれば、根付けのワイヤーがむき出しのままなのに、翌日に罠にかかってしまうシカもいる。

捕獲に成功する罠の設置方法には共通点はあるが、これが正しいというセオリーはないと思う。まずは自分なりに工夫して罠を設置してみて、うまくいかなければ動物の痕跡などから原因を考察し、試行錯誤をしながら最適な方法を見つけていってほしい。ここでは私が考えるポイントを解説する。

くくり罠の設置ポイント

① 丈夫な根付けが近くにある場所

・幹がこぶし大以上の太さ
・体重をかけても大きく揺れない
・枯れていない(生きた木)
・スギやヒノキなどの商品木は避ける
・根がしっかり張っている
・罠の設置場所からは1mがベスト。最大でも2m以内

② 安全性に配慮した場所

＜他者視点＞
・獲物が公道に出る可能性はないか?
・山菜採りの人やハイカーが近づく可能性がないか?(可能であれば注意喚起の立札を)
・土地が荒れても問題ないところか?

＜自分視点＞
・見回りは安全にできるか?
・獲物に安全に近づいて止め刺しできるか?
・獲物の運び出しはできるか?

＜獲物視点＞
罠にかかった獲物がつり下がってしまわないか?

③ 動物が「そこしか踏めない」場所

・獣道が狭い
・石や木の根などの障害物をまたぐ場所
・足跡がくっきりついている場所(動物が体重をしっかりかけている)

Tips 私が設置で気をつけている点

ワイヤーの破断などを防ぐために、より戻しは木の幹などに巻きつけない(Ⓐ)。木の幹にはワイヤーを2～3回ひねり込んで確実に固定する(Ⓑ)。トリガーは地面と平行になるように設置し、設置場所の地面の色に違和感が生じないように薄く土をかける

見回りと止め刺し

止め刺しは安全を確保して行うのが鉄則

　ワイヤー1本で動物の足を拘束するくくり罠にかかった獲物は、とにかく全力で暴れて逃げようとする。なかには力いっぱいワイヤーを引っ張って、なんと自分の足がちぎれた状態で罠から逃げていく獲物もいる。

　獲物に無用のストレスを与えないためにも、獲物を逃がさないためにも、罠をかけたら見回りは毎日早朝に行うのが基本。結果として良質な肉を手に入れることもできる。

　また、罠に近づくときは、常に獲物がいるかもしれないと想定して近づくこと。獲物の気配がなかったので油断して近づいたら、茂みに伏せ休んでいたイノシシに、突然キバで突かれるという事故も起きている。私自身、見回りのときにクマが罠にかかったシカを襲っているシーンを目撃し、肝を冷やしたことがある。獲物との十分な距離を確保しつつ木の陰などに身を隠して確認すれば、万が一、イノシシがワイヤーを切って突進してきても、体当たりされる危険は少ない。

止め刺しの方法は3つある

　もし獲物がかかっていたら、左の3つのステップで状況を確認してほしい。そして状況を把握したらいったんその場を離れ、冷静に安全な止め刺しの計画を立てよう。止め刺しは散弾銃だけでなく空気銃を使う方法もあれば、電気ショッカーや殴打で気絶させてからナイフで動脈を切るという方法もある。気絶させる場合は、突然獲物の意識が戻って暴れ出す可能性もゼロではない。なるべくP.118の要領で保定してから止め刺ししよう。

　なお、おいしいジビエ肉を手に入れるためにはしっかり血抜き（放血）することも重要。放血は心臓が動いている状態で、心臓近くの動脈を切るのがベストとされているが、基本的にどこでもいいので動脈を切れば放血はできる。もし心臓が動いていなくても、すぐに動脈を切ればある程度は放血できるので、家庭でジビエを楽しむレベルならこれでも十分だ。

止め刺しの流れ

Step1

獲物の状況をチェック

- 足先をくくっていないか?
  (スネアが足から抜ける場合がある)
- ワイヤーが切れそうになっていないか?
- 動物の足がちぎれそうになっていないか?
- 動物が根付けから動く範囲はどれくらいか?
- 根付けの状態は大丈夫か?
  (木が折れそうになったりしていないか)

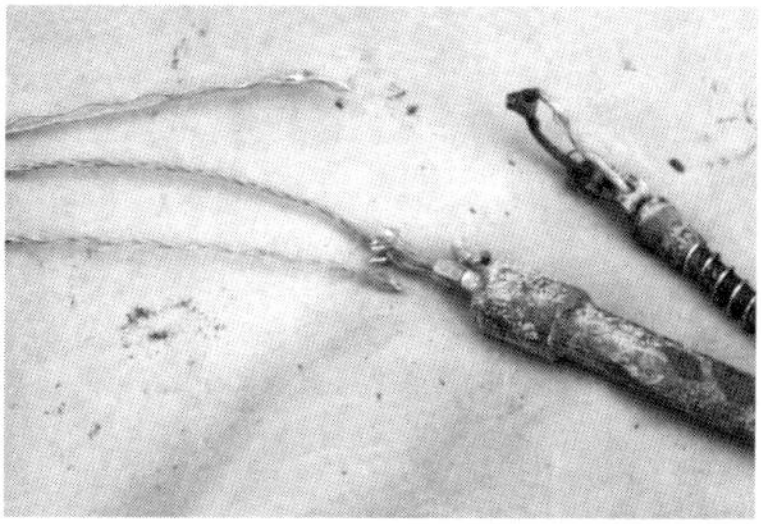

イノシシが引っ張る力で破断しそうになったワイヤー

Step2

止め刺しの計画

- 応援は必要か?(2人以上での止め刺しを推奨)
- どの止め刺し方法が適しているか?
  →危険な場合は銃で止め刺ししよう
  →食肉利用か廃棄か
  (疾患がある場合は廃棄する)
- 保定は必要か?
- どこから近づいて止め刺しするか?
- 搬出方法は?

Step3

止め刺しの方法

①銃で急所を撃つ

②電気ショッカーで失神させて、ナイフで動脈を切断

※皮膚の状態などから目視でも明らかに病気が疑われる場合は、
食用には適さないので電気ショッカーで心臓が止まるまで電気を流し続ける。
出血がないので地面を汚染する心配もない

③頭部打撃による脳震とうで失神させ、ナイフで動脈を切断

保定の方法

罠に獲物がかかっていた場合、銃で止め刺しができれば問題ないが、銃の免許がない人は、まずは電気ショッカーや殴打によって獲物を失神させ、動きを止める必要がある。相手が大型のイノシシだったりすると反撃される危険性もあるので、確実に「保定」（動きを止める）することが望ましい。

確実な保定は、チョン掛け、足錠、頭部の固定の順に3点で行うこと。頭部の固定は、イノシシは鼻、シカは角か首で行う。状況に応じてアレンジが必要だが、頭部の保定だけで止め刺しする人も多い。頭部の保定には、棒の先端にワイヤーでできたスネア（輪）がついた「アニマルスネア」という道具を使う。イノシシの場合は輪を目の前に持っていくと噛みついてくるので、そのタイミングでスネアを縮めると上あごにワイヤーを固定できる。

保定の方法は3つある！

すべて行う必要はないが、鼻くくりは初心者でも比較的やりやすい。

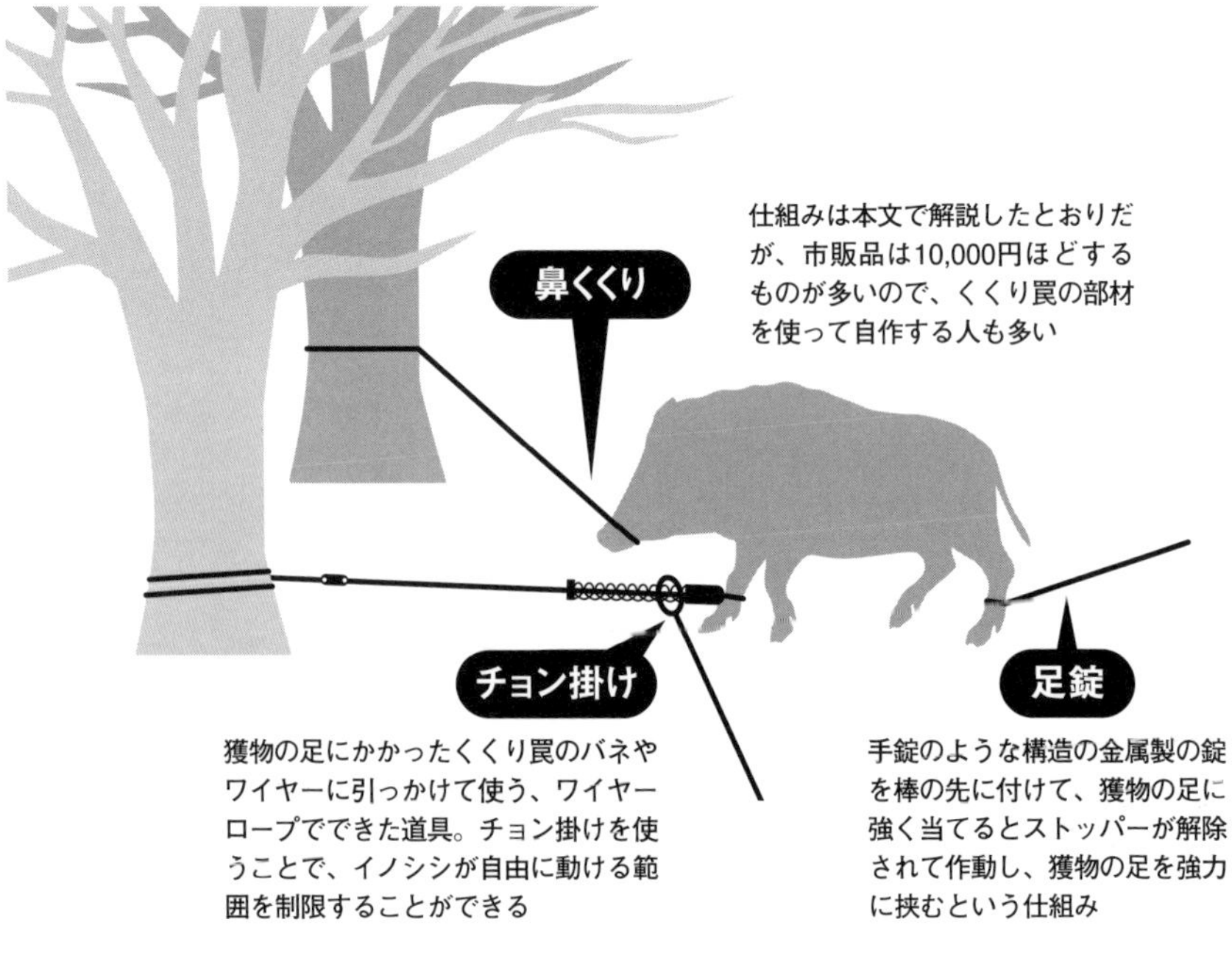

鼻くくり
仕組みは本文で解説したとおりだが、市販品は10,000円ほどするものが多いので、くくり罠の部材を使って自作する人も多い
チョン掛け
獲物の足にかかったくくり罠のバネやワイヤーに引っかけて使う、ワイヤーロープでできた道具。チョン掛けを使うことで、イノシシが自由に動ける範囲を制限することができる
足錠
手錠のような構造の金属製の錠を棒の先に付けて、獲物の足に強く当てるとストッパーが解除されて作動し、獲物の足を強力に挟むという仕組み

止め刺し① 電気ショッカー

罠にかかった獲物を電気ショックで失神させるのが「電気ショッカー（電気止め刺し器）」だ。保定した獲物に高圧の電流を流すことで動きを止め、ナイフで放血して止め刺しを行う。

使い方は簡単だ。先端にプラス極とマイナス極の電極針が付いた2本のポール（太い塩ビ管が使われることが多い）を獲物の上半身と下半身に刺して、スイッチを入れて電気を流せばいい。獲物の大きさや種類によって失神までの通電時間が違ってくるが、電気を流しすぎると心臓が止まってしまい食用に適さなくなるので注意が必要だ。

電気ショッカー用の電源としては、自動車やバイク用のジャンプスターター用モバイルバッテリーが使われることが多く、インバーターという機器で100Vの交流電流に昇圧して使うのが一般的。

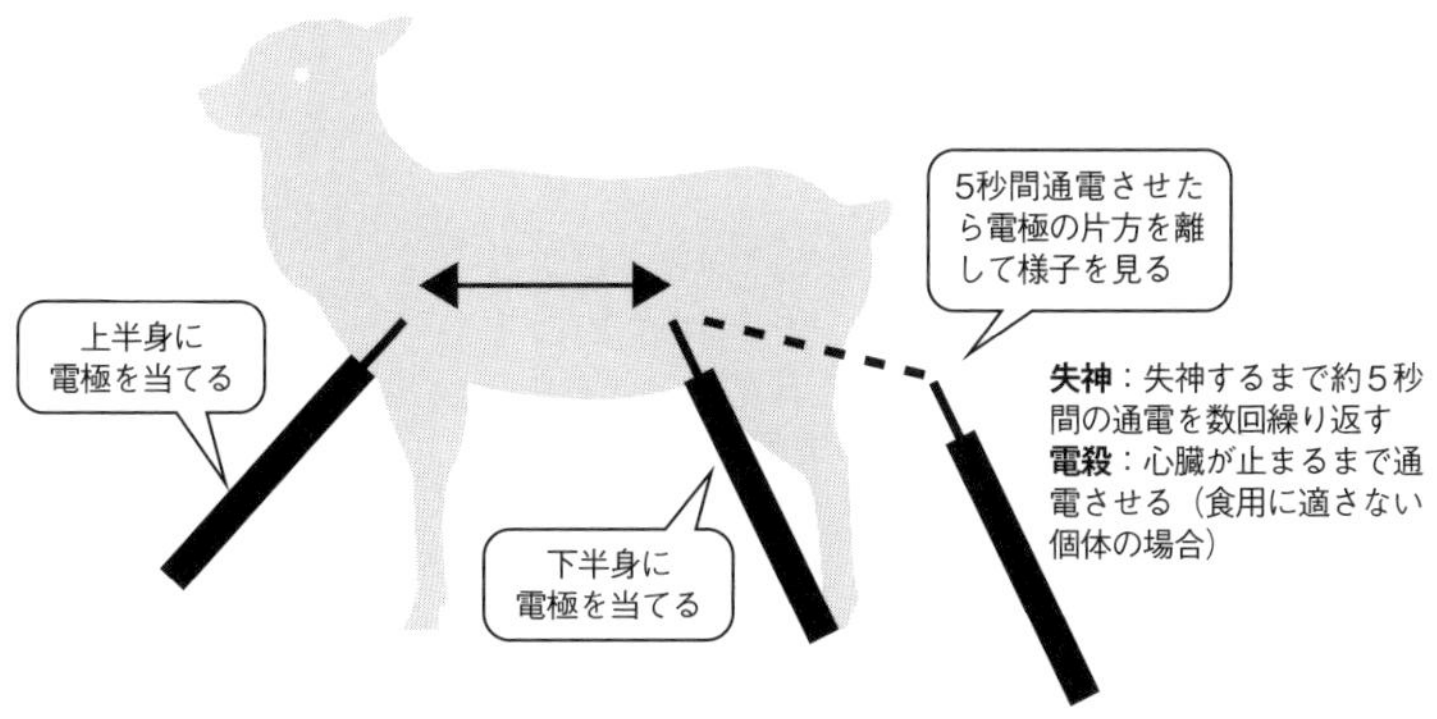
5秒間通電させたら電極の片方を離して様子を見る
上半身に電極を当てる
下半身に電極を当てる
失神：失神するまで約5秒間の通電を数回繰り返す
電殺：心臓が止まるまで通電させる（食用に適さない個体の場合）

できるだけ保定してからが望ましい。ゴム手袋とゴム長靴を着用し、感電防止のために降雨時は行わない。失神するまで約5秒間の通電を繰り返す。電極は上半身と下半身に当てて、約5秒間通電させたら片方の電極を離して様子を見る。

感電防止の工夫
失神するまで約5秒間ずつ電気を流し続ける
ゴム手袋着用
ゴム長靴着用
降雨時は行わない

止め刺し② 頭部への打撃

獲物の頭部に打撃を加えることで、脳震とうを起こさせて失神させてからナイフで放血する。ある意味〝原始的〟な方法だが、銃器や電気を使わないので装備はシンプルそのもの。鳶口《とびぐち》という木の柄の先に金属がついた道具のほか、野球のバット、ハンマー、しなりのよい棍棒などがよく使われる。

イノシシや角の生えたシカの場合は反撃をうける危険性がある。また、くくり罠にかかった獲物は動き回るので確実に打撃を加えるのは至難の業。安全かつ確実に打撃するためにも保定してから行ったほうがいい。

打撃のポイントは「どこを叩くか」。後頭部か額を狙うのがセオリーだが、イノシシの場合は後頭部が厚い肉でおおわれているため額しか狙うポイントがない。スナップを効かせて、降り下ろすようにして叩くのがコツ。

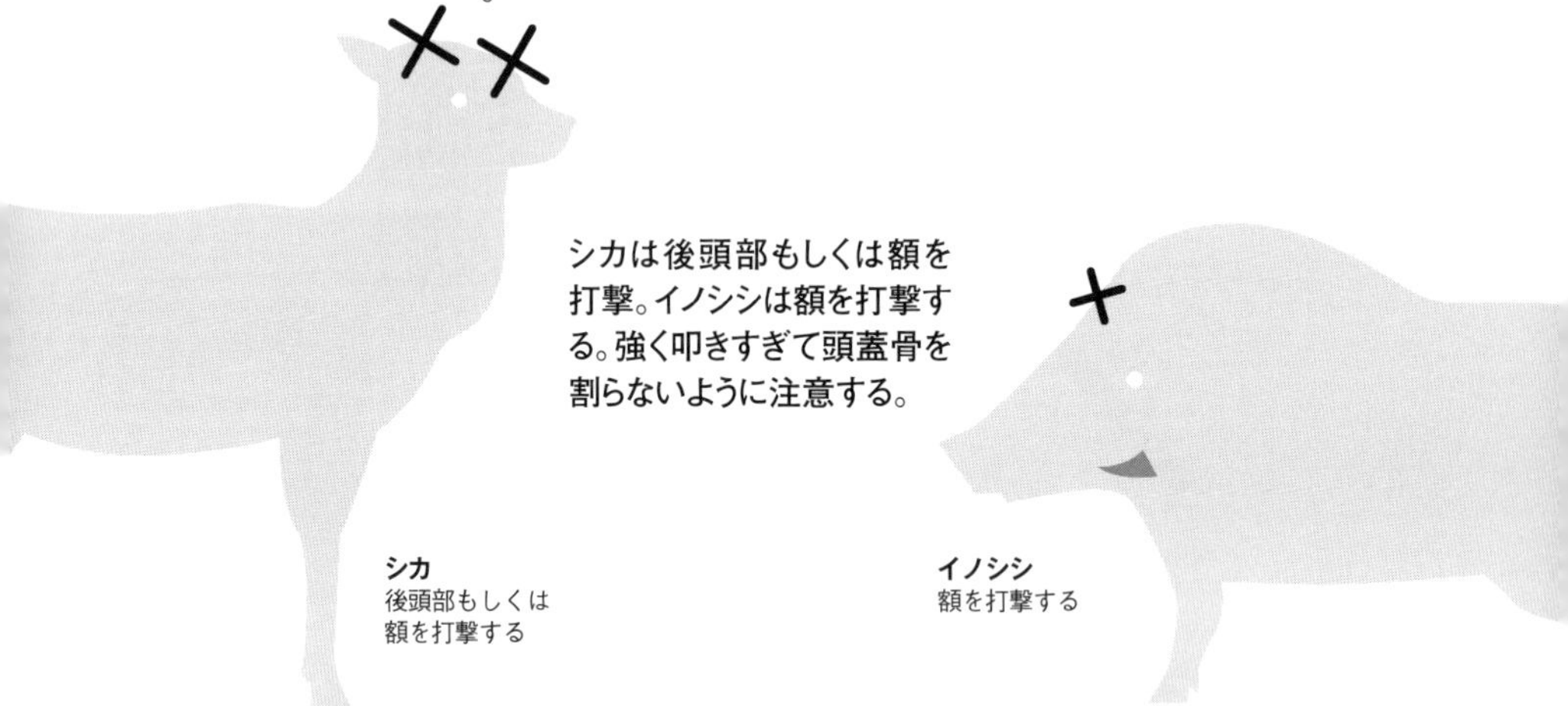

シカは後頭部もしくは額を打撃。イノシシは額を打撃する。強く叩きすぎて頭蓋骨を割らないように注意する。

後頭部もしくは額を打撃する

額を打撃する

鳶口による打撃で失神したシカ

止め刺し③　銃で急所を撃つ

興奮状態のイノシシなどを安全に止め刺しするには、やはり銃を使うのが安全で確実だ。止め刺しのために銃の免許を取得する人も少なくない。

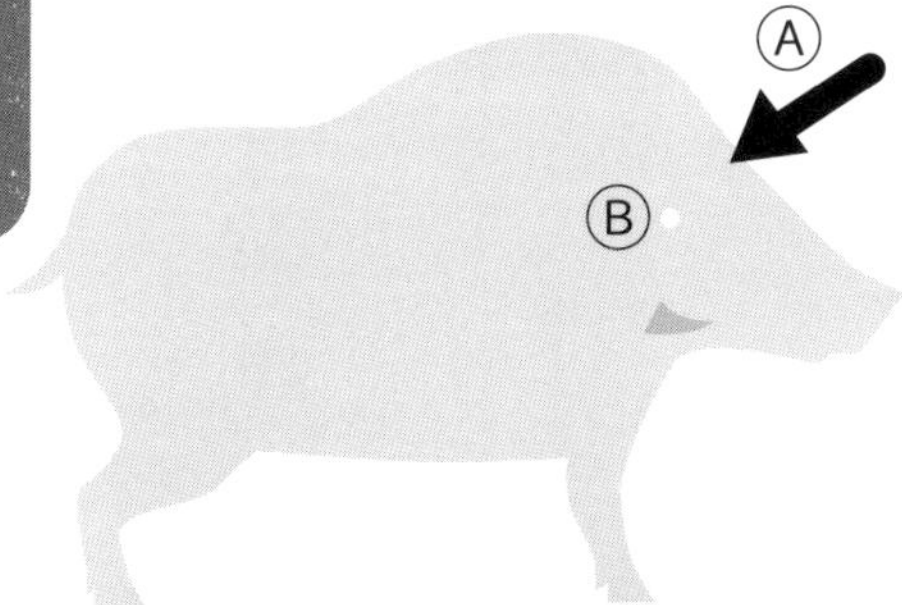

Ⓐ空気銃の場合
正面から射撃。頭蓋骨を貫通させるためになるべく垂直に撃ち下ろす感じで

Ⓑ散弾銃の場合
スラッグ弾で横から射撃。目と耳のあいだを狙うとベスト

罠が外れるなどして襲われる恐れもあるので、距離をとり、大きな木の陰などから狙う

放血のためにナイフを刺す場所

獲物を失神させたら速やかにナイフを刺して放血させるのだが、心臓を動かしたままのほうが血が送り出されるので、動脈を切断するのが一般的。

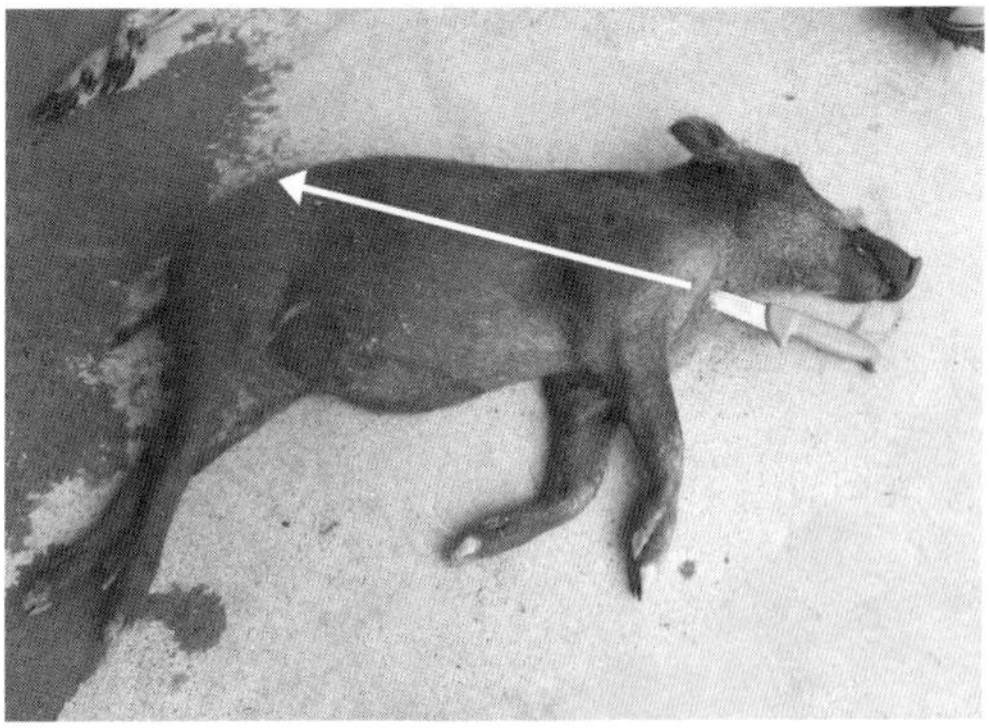

ナイフを鎖骨の少し上の部分に刺して、そのままままっすぐお尻の方向に向かって7～8㎝刃を刺してやる。これ以上深く刺す必要はない。心臓を刺すのではなく、心臓から脳につながる動脈を切断するイメージ。まだ動いている心臓の力で放血させ、失血死させるわけだ。

シカの場合、首の付け根にナイフを刺して動脈を切るか、耳から垂直に下ろしたアゴの付近で頸動脈を切ってもいい

箱罠とは?

主に有害鳥獣駆除で使われる箱状の罠の仕組み

エサで獲物を誘引し、箱状のケージに獲物を閉じ込めて捕獲するのが箱罠だ。捕獲後は銃を使わなくても安全に止め刺しできるので、有害鳥獣駆除目的の農家や自治体関係者に人気がある。また、小型の箱罠は手軽に中型動物を捕獲できるので、女性や初心者にもオススメの方法だ。

「箱罠ならおいしいエサを置いておけばすぐに捕獲できるのでは?」と思うかもしれないが、実はくくり罠以上に根気強さが求められる。というのも、動物は警戒心が非常に強いからだ。ただし、一度エサ場を覚えると動物は繰り返しやってくるようになり、警戒心も薄くなる。こうした動物の習性を利用して、ケージの中へと誘い込むのが箱罠の特徴といえる。

獲物よりも大きなものを選ぶ

箱罠にはさまざまな大きさがある。当然だが、捕獲する動物よりも大きい箱罠を選んでほしい。加えて、捕獲後に逃げられないようするために、ケージの頑丈さとメッシュ（網目）の大きさも重要な選定ポイントになる。箱罠でツキノワグマを捕獲するのは原則禁止（許可捕獲では箱罠が認められる場合もある）。クマの錯誤捕獲を防ぐため、クマ自身が逃げられるよう天井に脱出用の穴が開いたタイプもある。

小～中型の箱罠は、地方ならホームセンターなどでも購入できることが多いが、シカやイノシシ用の大きなタイプは罠メーカーから通信販売などで購入するのが一般的だ。

扉が落ちる仕組みをトリガーという

獲物が箱罠に入ると、作動して扉が落ちるようにする仕組みをトリガーというが、これには踏板タイプや蹴り糸タイプ、赤外線タイプなどいろいろな方式がある。一般的には蹴り糸タイプのトリガーを使った箱罠が最もポピュラーといえるだろう。それぞれのセッティング方法については、購入した箱罠の取扱説明書をよく読んで理解し、事前に作動を確認しておこう。

なお、イノシシやシカなど大型獣を捕獲するための箱罠は鉄で頑丈につくられているので、重さが100kgを超えるものもある。いくつかのパーツに分解できるものも多いので、軽トラで運んで設置すればいい。最近は重さ60kgほどの軽量化された大型箱罠も開発されている。これなら2人で持ち上げて運べるので、組み立ての手間がいいらない。

軽トラに載せた状態の大型の箱罠

トリガーの仕組み

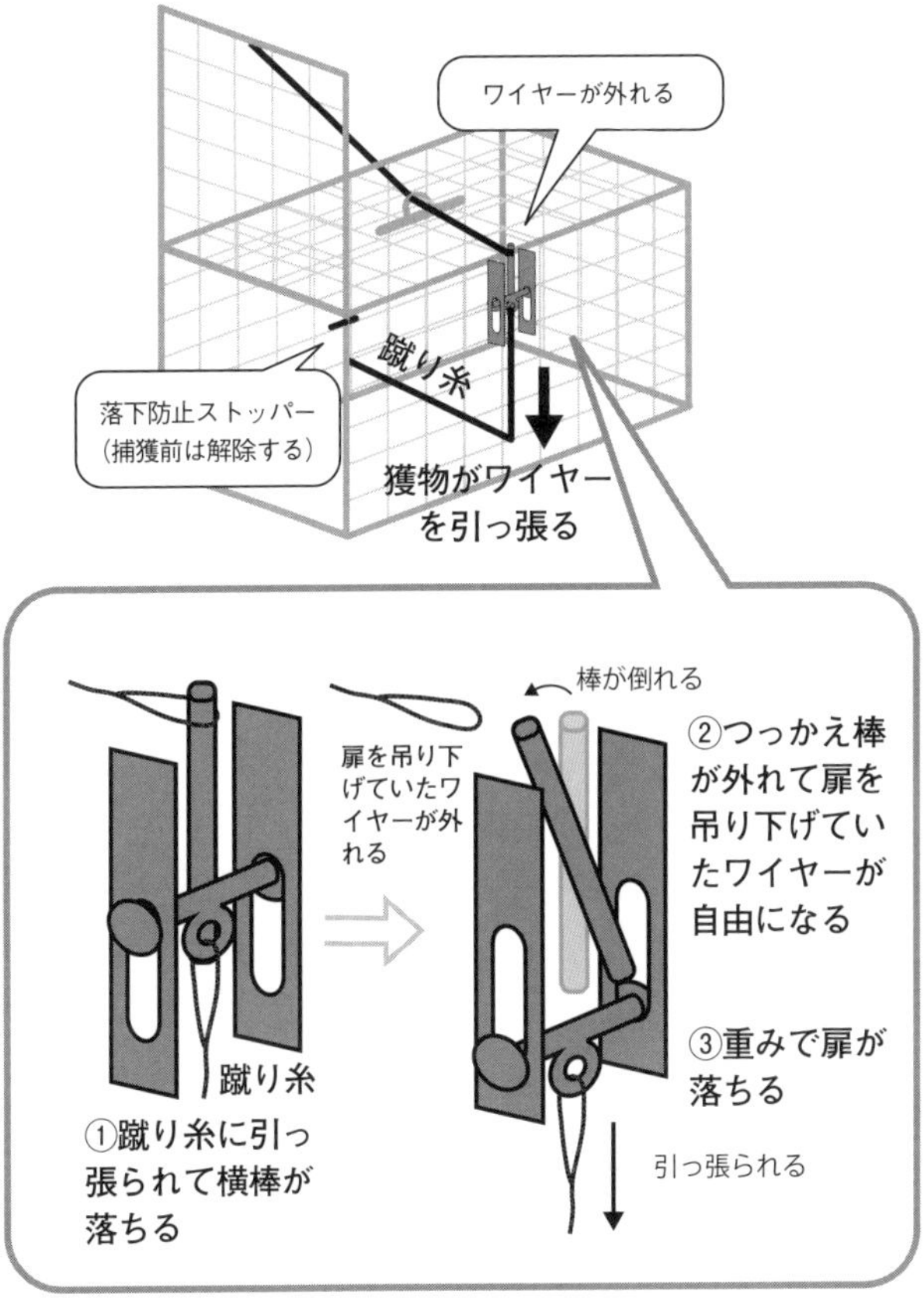
ワイヤーが外れる
蹴り糸
落下防止ストッパー
（捕獲前は解除する）
獲物がワイヤーを引っ張る
棒が倒れる
扉を吊り下げていたワイヤーが外れる
②つっかえ棒が外れて扉を吊り下げていたワイヤーが自由になる
③重みで扉が落ちる
蹴り糸
①蹴り糸に引っ張られて横棒が落ちる
引っ張られる

箱罠のストッパーとは?

箱罠のストッパーには2種類ある。仕掛けが作動しても扉が落ちないようにする落下防止のストッパーと、捕獲後に中の獲物が扉を内側から開けられないようにする開き防止用ストッパーだ。

箱罠の設置

エサを使って段階的に獲物を誘引する

いくらエサで誘引するといっても、まったく獲物がいない場所では猟果は期待できない。くくり罠同様、まずは獲物の痕跡を探して、獣《けもの》道《みち》が近くにある場所を見つけよう。候補地が決まったら、箱罠を設置する前にその候補地に何種類かエサを撒いて、状況を観察する。もしエサが食べられていれば、捕獲できる確率が高いと判断できる。

大きな箱罠はしばらく置いておくことになるし、目立つ。まずは地権者を調べて許可を得よう。どんなに荒れ果てた土地や山奥の土地でも地権者がいるので、勝手に箱罠を設置するのはトラブルのもと。周囲の農家の人などに尋ねれば、地権者が誰なのか教えてく

エサのなくなり方を見極める

箱罠の設置候補地が見つかったら、イノシシが好むイモ、米ぬか、シカが好きなヘイキューブ（乾草）という３種類のエサを撒いて、エサのなくなり具合を観察する。

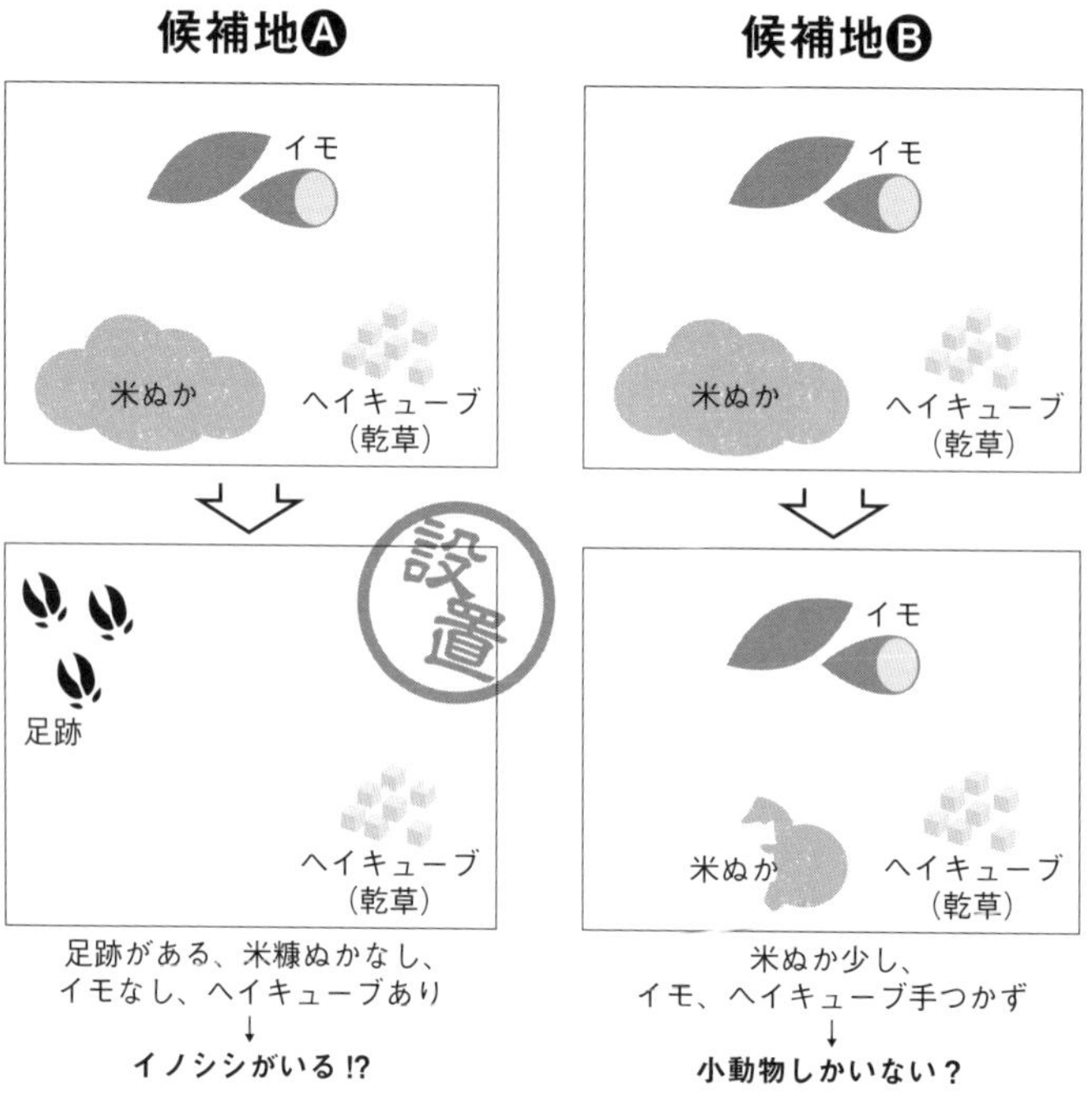

れることも多い。

エサは段階的に撒いていく

箱罠を設置したらエサで獲物を誘引する。魅力的なエサをいきなり箱罠に投入し、数時間で捕獲してしまう凄腕猟師もいるらしいが、私にはとてもできない芸当だ。

ポイントはふたつ。箱罠から遠い場所から段階的にエサを撒くことで、獲物の警戒心を解くのがひとつ。もうひとつが、初期段階では箱罠の扉が落ちないように扉の落下防止ストッパーをかけて蹴り糸を張っておき、箱罠に慣れさせること。現在、私は大型箱罠を13基管理しているが、すべてこの方法で捕獲している。エサの種類と撒き方、トリガーである蹴り糸をセッティングするタイミングについても下記にまとめたので、参考にしてほしい。

エサ撒きは段階的に変化をつけて撒く

捕獲直前に蹴り糸を張ると、途端に警戒して寄りつかなくなることが多いので初期段階から張っておき、扉が落ちないように扉の落下防止ストッパーをかけておく。最初（STEP 1）は箱罠から離れた場所にエサを多めに撒く。エサが食べられたら、徐々にエサの位置を箱罠に近づけていき、STEP 4まで粘り強く撒き続ける。箱罠の奥のエサを完食したら、これを3日以上繰り返して警戒心を解き、ストッパーを外して扉が作動するようにセッティングする。

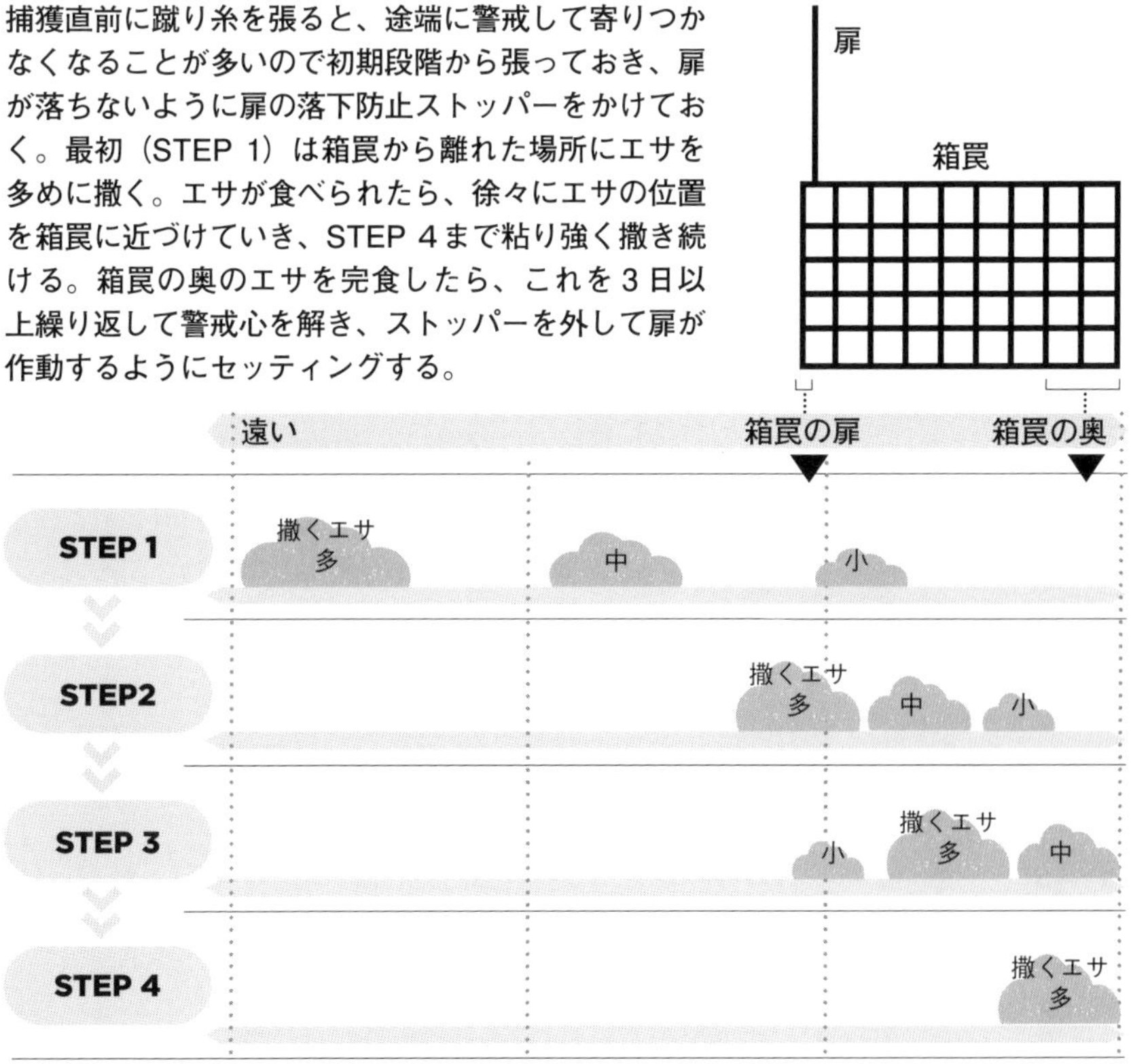

箱罠の止め刺し

檻に入っているからといって、油断せずに止め刺しを

きちんとしたメーカーが製造した箱罠は、扉のストッパーやワイヤーメッシュが破壊されない限り、獲物が逃げることはない。しかし、かかったのが子どものイノシシだった場合、母イノシシが近くに潜んでいて捕獲にきた人間を襲うケースなどもあるので、箱罠の場合でも油断は禁物。安全な距離から獲物の様子を確認したうえで、止め刺しの段取りを整えよう。

箱罠に接近する際は、扉の前に立たないというのが基本。上下動する扉部分は側面や背面よりも壊れやすいので、巨大なイノシシなどに箱罠の内側から体当たりされると、扉の開閉防止用のストッパーにも負担がかかりやすい。実際に私はイノシシにストッパーを壊されて、かなり焦った経験がある。

箱罠の止め刺し方法は3つ

私がおすすめする箱罠の止め刺し方法は、電気ショッカー、保定してナイフで刺す、空気銃の3つ。まれに獲物を保定しないまま、長い持ち手の刃物で刺す人もいるが、急所を一発で突くのは難しい。獲物に無用の苦しみを与えることになるので慎むべき。必ずワイヤーロープなどで獲物をしっかりと保定してから、動脈を切って放血してほしい。

また、銃で止め刺しする場合は、散弾銃は使わないほうがいい。鉄でできた檻に弾が当たって跳弾する可能性があるからだ。私はあるベテラン猟師が撃ったスラッグという単弾が箱罠に当たって跳弾し、離れた場所の木に刺さったのを目撃したことがある。

捕獲後の点検も怠らない

日夜風雨にさらされている箱罠は、過酷な自然環境に加え獲物が暴れた衝撃などで少なからずダメージを受けているもの。獲物を捕獲したあとは、必ず細かく点検を行って、壊れている個所や動きが怪しい個所はきちんと修理する必要がある。

また、捕獲後の箱罠の移設は必須ではない。一度獲物を獲った同じ場所に

箱罠での止め刺しの方法

方法1

電気ショッカーでの止め刺し

電気を流し続けて心臓を停止させる。箱罠自体に電気を流して感電させる方法と、動物に直接電気を流す電気ショッカーという方法がある。小さい箱罠はナイフが入らないので電気が安全で確実。電気で一時的に失神させ、ワイヤーロープで保定してから扉を開け、放血で止め刺しする方法もある。

ワイヤーロープでイノシシの鼻をくくって保定しているところ

方法2

保定してナイフで放血させて止め刺し

ワイヤーやロープで鼻や胴や足などをくくって保定。獲物を動けなくなった獲物の動脈を、ナイフで切って放血する。ナイフを入れる場所はP.121を参照。

方法3

空気銃で止め刺し

空気銃でも威力が大きいタイプのペレット（弾）を使って近距離から撃てば、十分止め刺しができる。獲物からの距離が確保でき、跳弾の危険性も低いので最も安全な方法といえる。

箱罠の点検ポイント

- 扉ストッパーの点検
- 各パーツのネジのゆるみ
- メッシュや溶接部分のほころび
- 可動部には油をさす

イノシシに破壊された箱罠

箱罠を置き続けても、捕獲はできる。私は年代物の箱罠を数基譲り受けて、同じ場所でそのままメンテナンスしながら利用しているが、ちゃんと捕獲できている。もちろん動物も賢いので、捕獲後はしばらく寄り付かない期間があったりもするが、エサの味を覚えた獲物は必ずやって来る。こちらが諦めさえしなければ、いつかまた油断して箱罠に入ってしまうものだ。

Column 06

初心者にも向く小林式誘引捕獲法

私は、くくり罠に最初の獲物がかかるまで5カ月以上かかった。最初は見回りも楽しかったが、長期間ともなると億劫になり、止めてしまおうかとさえ思った。罠をかける位置が悪いのか、セッティングが悪いのか、そもそもここは獣《けもの》道《みち》じゃないのかも……。捕獲できない理由がわからないのが、何よりつらかった。

そんな悩みを軽減してくれるくくり罠の設置方法として、小林式誘引捕獲法（以下、小林式）がある。

小林式はエサでの誘引とくくり罠を組み合わせた方法で、「動物がエサに引き寄せられてみずから罠を踏みにやってくる」というのがコンセプト。米ぬかなどのエサを撒いてみて、獲物が食べた形跡があればこの方法で捕獲できる可能性が高い。

小林式の場合、エサを食べたかどうかで獲物が来たかどうかがわかるので、罠を設置する前はエサを食べていたのに設置後に食べていなければ、罠を警戒していると推測できる。動物のエサの食べ方で獲物の特定もできるし、エサを変更することで獲物を限定することも可能だ。

また、罠が作動しているのに獲物が捕獲できていない場合、エサが食べられているのであれば罠の設置方法や設計などのミスが考えられるし、エサが手つかずの場合は鳥や小動物が作動させてしまった可能性もある。

このように、小林式は捕獲できなかった原因を特定しやすいので、五里霧中状態の初心者でもどこから改善していけばいいのかがわかりやすい。小林式の詳しい設置方法は林野庁のホームページなどに紹介されているので、ぜひ参考にしてほしい。

捕獲できない理由を特定しやすい画期的な捕獲法

くくり罠の周りを囲うようにドーナツ型状にエサを撒くのが特徴。林野庁近畿中国森林管理局の職員、小林正典さんが考案した方法だ
https://www.rinya.maff.go.jp/kinki/policy/business/sodateyou/attach/kobayashisiki.html

Chapter 07

銃猟のはじめ方

銃を使った猟をはじめるには、
まずは銃所持許可を取る必要がある。
ここではその方法と、銃猟のポイントを紹介する。

Let's go gun hunting !

散弾銃か空気銃か?

銃猟をする場合、狩猟免許のほかに銃の所持許可を警察で取得しなければならないため、散弾銃のような装薬銃か、それとも火薬を使わない空気銃にするか、事前に決めなければならない。

私はその違いがよくわからなくて、「イノシシを捕獲したいので威力のある散弾銃の許可がほしいです!」と、警察で素直に伝えた覚えがある。結果的にそれでよかったのだが、みなさんはもっとしっかりと自分に合った銃を選ぶべきだと思う。すでに決めているという人もいるかもしれないが、ここではそれぞれの概要を説明するので、どの銃が自分に向いているのかを改めて検討してほしい。

銃を所持するハードルも異なる

日本で使用が認められている猟銃は左表のとおりだが、初心者が所持できるのは散弾銃と空気銃のみ。散弾銃は装薬銃の一種で、火薬が燃焼して爆発することでさまざまなタイプの弾を撃てる威力のある銃だ。弾を使い分けることで小鳥から大型獣まで仕留められるので、とても守備範囲が広い。

威力があるということは「殺傷能力が高い銃」ということであり、表現を変えれば「危険性が高い銃」ともいえる。当然、取り扱いには細心の注意が必要だし、所持許可も簡単には下りない。弾も購入許可を取って、使用記録をつけて管理しなければならない。

一方、空気銃は圧縮した空気や炭酸ガスの力を利用して発射する銃で、ペレットという鉛製の空気銃弾を使う。散弾銃に比べると威力が弱く、鳥類や小中型獣の狩猟に適している。したがって、散弾銃よりも許可申請手続きが簡単だ。ペレットは購入許可が不要で、使用記録を付ける必要もない。

空気銃は威力が弱いと書いたが、重いペレットを空気圧の高い空気銃で近距離から撃てば、罠にかかったイノシシやシカの止め刺しも可能だ。大型のエゾジカなどには威力が不十分な場合もあるので、購入する銃砲店に目的を伝えて相談するといい。

日本で使える猟銃の種類と特徴一覧

狩猟免許の種類	第一種銃猟免許			第二種銃猟免許
所持許可	装薬銃			空気銃
種類	散弾銃		ライフル銃	空気銃
	スムースボア※	ハーフライフル※		
獲物	鳥獣類全般 オールマイティー に使用できる	大型獣	ヒグマ、 ツキノワグマ、 イノシシ、 シカのみ	鳥類、 小中型獣。 罠にかかった イノシシや シカの止め刺し
威力	○	○	◎	△
備考	一般的 大抵はコレ	マニアック	初心者× （散弾銃を 10年以上 所持が条件）	一般的

※「スムースボア」とは銃腔内が平滑で、「ハーフライフル」とは銃身の半分までライフリングが施されている銃のこと。詳しくはP.147を参照。

主観で比較した空気銃と散弾銃の特徴

	所持許可手続き	許可	銃の値段	弾の値段	取り扱い
空気銃	実技試験なし	下りやすい	高い	安い	比較的手軽
散弾銃	実技試験あり	下りにくい	安い	高い	厳しい

◆銃所持許可の取得◆

銃を持つには多くの調査と試験が必要

所持許可の流れ

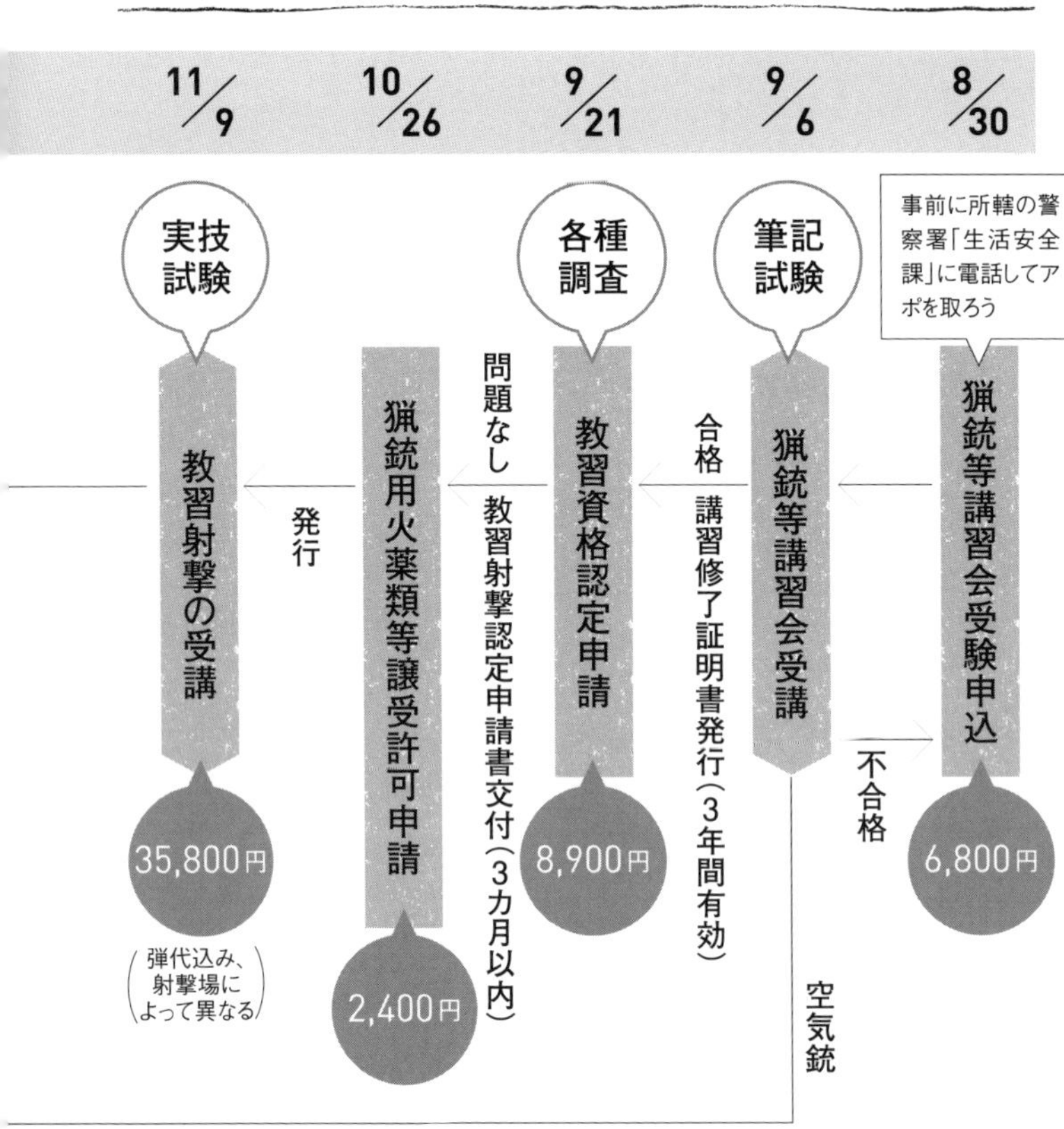

銃所持許可が交付されるまでの流れは、上のようなフローになる。実技講習以外はすべて所轄の警察署の「生活安全課」とのやり取りになるので、対応してもらえるのは平日が基本。休みが土日だけという会社員の場合、半休などをとって手続きに行かなければならない。銃所持許可を取るのはそれほど難しいわけではないが、それぞれのステップで取得した証明書には有効期限があるので、期限切れにならないように気をつけよう。そろえなければならない書類も多いので、なるべく計画的に進めてほしい。

なお、上のフローには私が実際に手続きを行った日付も記載した。平日も

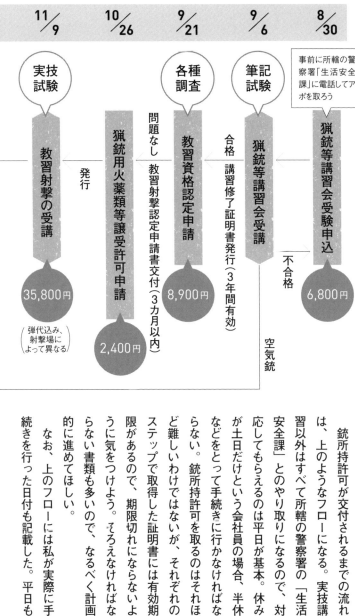

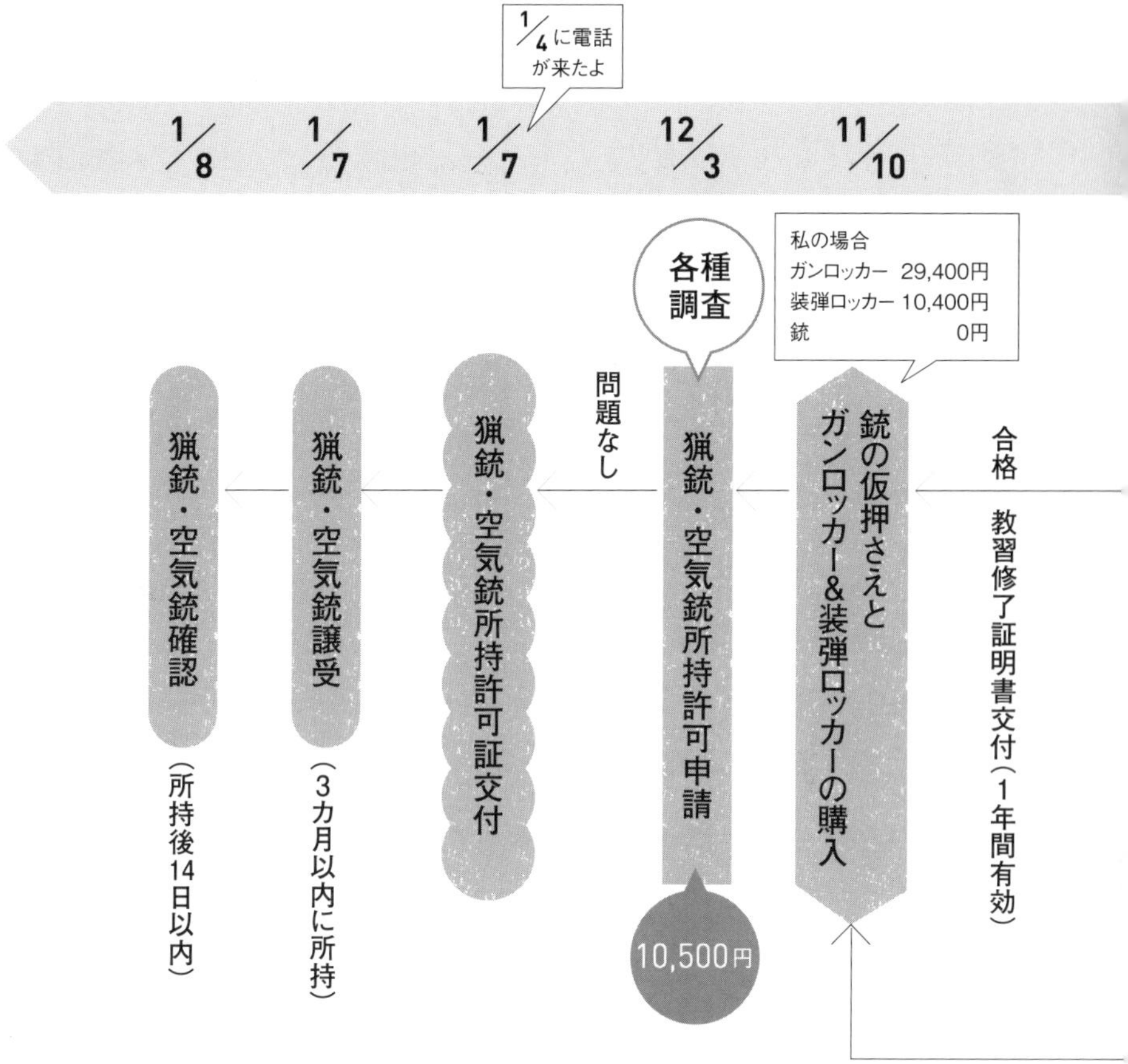

自由に動けるフリーランスという身なので、時間的にはアドバンテージがあるとは思うが、おおよそどれくらいの期間で取得できるのかという目安にしてほしい。

所持許可が下りるには家族の同意や身辺調査も必要

銃の所持許可を取得するうえでの第一関門が、「家族の同意」だったという人は多い。というのも、銃所持許可の書類には同居家族による同意が必要であり、家族と警察官との面接も行われる。一緒に暮らす家族に秘密にしたまま、銃所持許可を取るのは絶対に無理なので、事前にしっかりと説明して同意を取り付けておくこと。

続く関門は、自分に所持資格があるかどうか。猟銃等講習会に申し込む際に警察官に質問されるのだが、ここで

一銃一許可制

2挺目

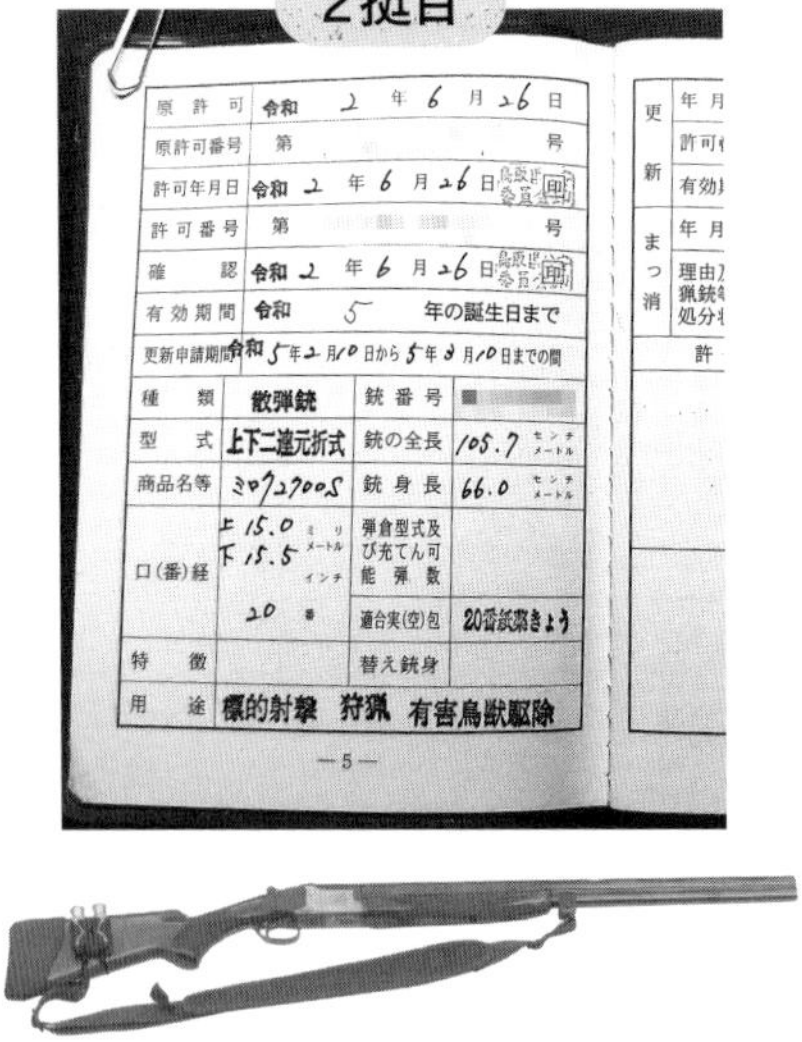

1挺目

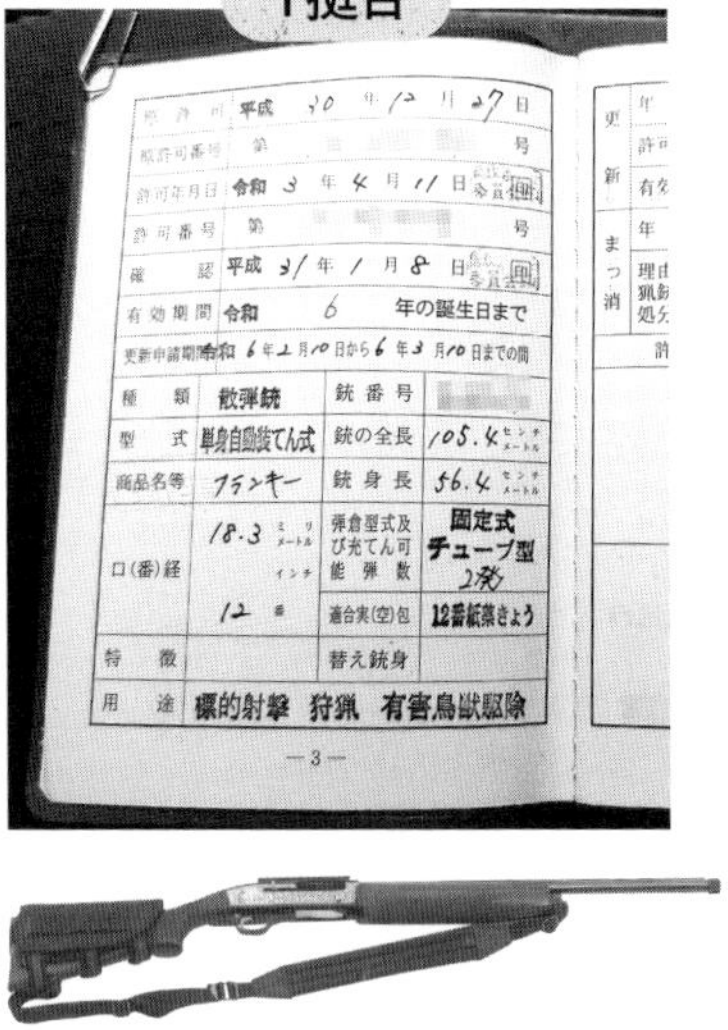

一銃一許可制のもと、許可を受けたそれぞれの銃に許可番号が与えられる。また、銃所持許可証には銃番号や銃の長さ、銃の有効期間と更新期間といった、その銃独自の情報も細かく記載されている。つまり、その銃はこの世に1挺だけの“オンリーワン”のものであり、管理や使用についてはすべて自己責任となることを知っておこう

精神障害などの「欠格事由」に該当しないかどうかといった聞き取りがある。もし講習会の申し込みが却下された場合は、銃所持が厳しくなる。

また、講習の試験をパスしたあとも公安委員会によって身辺調査が行われ、ここで却下される場合もある。こればかりはやってみなければわからないので、もし不安要素があればあらかじめ警察官に相談したほうがいい。

筆記試験よりも教習射撃の実技試験が大変

銃所持許可を取るうえで最難関といわれるのが、「猟銃等講習会（初心者講習）」で行われる筆記試験だ。20人中6人しか合格しなかったという話も聞いたことがあるが、個人的にはしっかり勉強してひっかけ問題に気をつければ、パスはできる試験だと思う。む

所持後も大変！　年1回の検査と3年に1回の更新

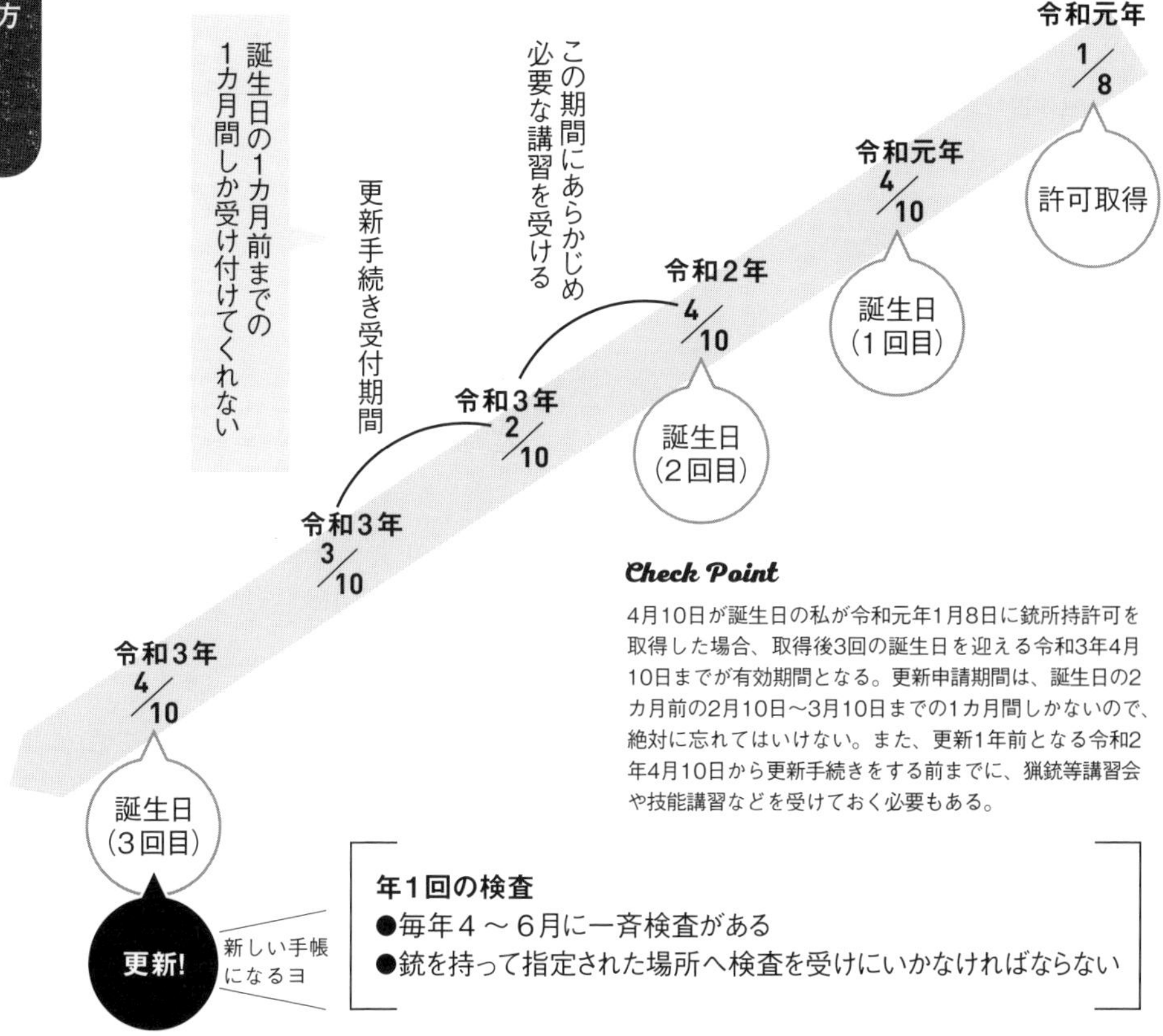

Check Point

4月10日が誕生日の私が令和元年1月8日に銃所持許可を取得した場合、取得後3回の誕生日を迎える令和3年4月10日までが有効期間となる。更新申請期間は、誕生日の2カ月前の2月10日～3月10日までの1カ月間しかないので、絶対に忘れてはいけない。また、更新1年前となる令和2年4月10日から更新手続きをする前までに、猟銃等講習会や技能講習などを受けておく必要もある。

年1回の検査

- 毎年4～6月に一斉検査がある
- 銃を持って指定された場所へ検査を受けにいかなければならない

しろ私のように小柄な女性には、教習射撃のほうが大変だった。ちなみに、空気銃の場合、教習射撃は不要だ。

　銃の所持許可を取得したら、何挺も銃を所持したいと思うかもしれないが、銃は1挺ごとに許可が必要となる。私は散弾銃を2挺所持しているが、それぞれに許可証が発行されている。2挺目の許可は1挺目より手続きが簡略化されたが、それでも審査と書類提出は必要だ。最初から2挺所持したい場合は、あらかじめ警察に相談してふたつの許可を同時進行させたほうがいい。

　所持後は年に1回銃砲検査が行われるので、平日に所定の場所まで銃を持っていかなければならない。また、銃の許可は3年に1回更新手続きが必要となり、散弾銃の場合は弾の購入にも警察への申請手続きが必要だ。警察に親近感を覚えるほど通うことになる。

銃所持の筆記試験は引っかけに注意

銃を持つと決めたら、猟銃等講習会に申し込みをし、そこで行われる筆記試験に合格しなければ次のステップには進めない。銃所持許可証関連は、居住地の所轄警察署の生活安全課が担当しているので、まずはここに申し込みをする。しかし、いきなり訪ねても対応してくれない場合がほとんどなので、事前に電話をして予約を取るほうがいい。警察署の代表番号に電話をして、「猟銃等講習会について問い合わせたいので、生活安全課をお願いします」と伝えれば担当者につないでくれるので、猟銃等講習会の参加に必要なものや、費用について確認しよう。

　講習会の申し込みに行くと、警察官に「なんで銃がいるの?」「家族は知っているの?」などと質問される。これは意地悪ではなく、銃所持許可の欠格事由などを調べるため。そもそも許可が下りない理由がある人が講習会に合格しても、お互い無駄な労力を使うことになる。私の場合、担当官は目つきが鋭かったものの、とても物腰がやわらかだったので、素直に「イノシシが獲りたい。威力の強い散弾銃が欲しい」と、ついつい素直にしゃべってしまった記憶がある。

　受講料を払い、申し込み手続きが完了すると、「ちゃんと勉強してくださいね」といってテキストを1冊渡してくれるはずだ。私は例題が15問載って

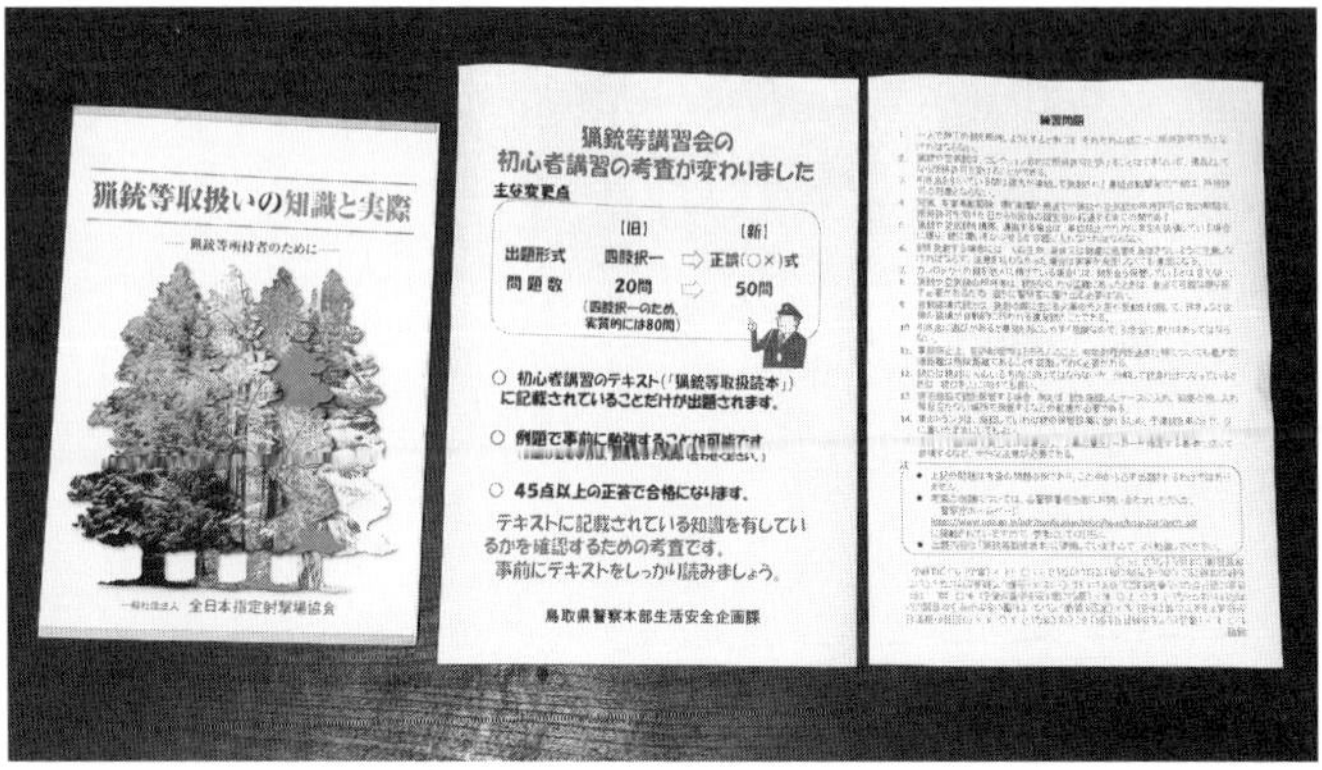

警察でもらったテキストとプリント

いるプリントももらったが、試験ではこれより難しい問題が出た。

事前にきちんと勉強しておく

講習会では、半日以上かけて座学講義を受けた後、筆記試験が行われる。私が受けたときは講習会が10時にはじまり、お昼休憩をはさんで2時半くらいまでが講義。その後1時間ほどかけて筆記テストが行われたと記憶している。全50問の○×式で、45問以上正解で合格だ。テストは見直しをしても時間が余るほどだった。

不合格の場合は受講料を再度支払い、長い講義を受けた後に再びテストを受けなければならない。この筆記試験、なかなか合格できない人が多いといわれるが、その理由は引っかけ問題が混じっているからだと思う。個人的には50問中8問ほどが、判定しにくい引っかけ問題という印象だった。

市販されている試験対策のテキスト

筆記試験対策の問題集が書店や銃砲店で販売されているし、過去問を掲載しているブログなどもある。大抵の人はこれらを活用して、事前にしっかり勉強して挑んでいる。みなさんもしっかり準備して講習会に臨んでほしい。

テストの合否はその場で採点されて開示されるため、合格した人は当日講習修了書を受け取ることができる。講習修了書を受け取ったら、再び警察署に電話をしてアポイントを取り、次の段階の手続きに進もう。

散弾銃を所持したい人は、クレー射撃による実技の「教習射撃」の申し込み手続きに進む。空気銃を所持したいという人は、教習射撃が必要ないので、銃砲店で所持したい銃を決めて仮押さえしよう。銃を保管するガンロッカーなどを購入して設置したら、銃所持許可の申請を行うことになる。

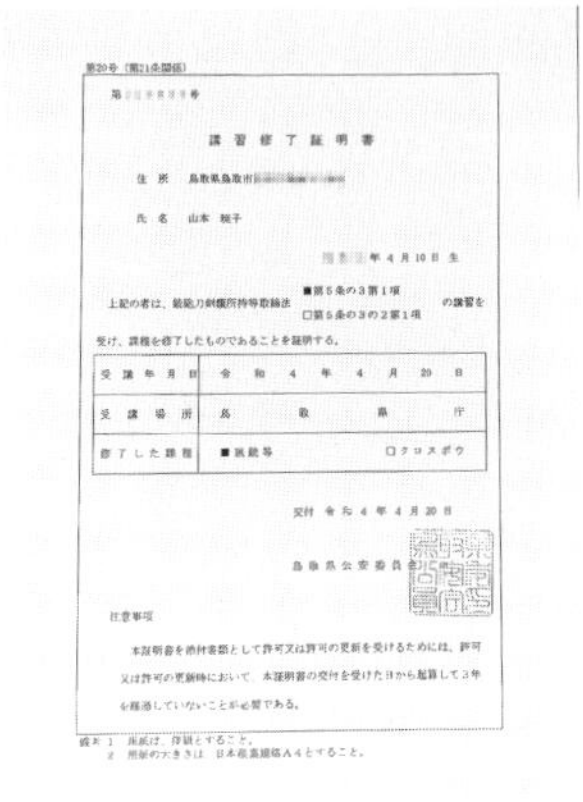
第20号(第21条関係)

第[illegible]号

講習修了証明書

住所　鳥取県鳥取市[illegible]

氏名　山本 暁子

[illegible]年4月10日生

上記の者は、銃砲刀剣類所持等取締法 ■第5条の3第1項 □第5条の3の2第1項 の講習を受け、課程を修了したものであることを証明する。

受講年月日	令和 4 年 4 月 20 日
受講場所	鳥取県庁
修了した課程	■猟銃等　□クロスボウ

交付 令和4年4月20日

鳥取県公安委員会

注意事項

本証明書を添付書類として許可又は許可の更新を受けるためには、許可又は許可の更新時において、本証明書の交付を受けた日から起算して3年を経過していないことが必要である。

備考 1 用紙は、淡緑とすること。
2 用紙の大きさは、日本産業規格A4とすること。

試験に合格するともらえる講習修了証明書

教習射撃（実技試験）
散弾を撃ってクレーに命中させる

クレー射撃の様子。奥の小屋からクレーと呼ばれる皿が飛び出して来るので、それを撃ち落とす

難関の猟銃等講習会の筆記試験に合格し、講習修了証明書を受け取ったらまずはひと安心。修了証明書は3年有効なので、失効するまでに銃所持許可証を取得すればいい。

次のステップは教習射撃という実技試験だ。指定された射撃場に行き、散弾銃でクレーを撃って命中させなければならない。ただし、実銃を扱うことになるので、その前に厳しい審査が待っている。これは「教習資格認定申請」といわれる手続きで、経歴書、本籍地記載の住民票の写し、市町村長発行の身分証明書、同居親族書など、さまざまな書類を集めて提出することになる（詳しくは警察官が指示してくれる）。申請後は警察による各種調査があり、同居家族を含めた面接なども行われる。

調査が行われることに抵抗がある人もいるかもしれないが、日本の銃規制はとても厳しいので、警察としても誰にでも銃を持たせるわけにはいかないのだ。とはいえ、調査のための聞き込みは無作為に行われるわけではない。基本的には自分が選んだ仕事仲間や友人など数名の中から選ばれる。自分が銃を所持することを明かすことになるので、信頼できる人を選ぼう。私は移住したばかりでツテがあまりなかったので、親戚や友人を頼った。

家族面接だが、私の場合は和やかな雰囲気で行われた。夫と警官だけの面接もあり、夫は「奥さんに暴力を振るわれていませんか？」と聞かれて苦笑したという。

いざ教習射撃へ！

早ければ1カ月ほどで各種調査が終了し、教習射撃の許可が下りる。指定の銃砲店から弾（実包）を購入し、認定の射撃場に行って講習を受ける。私の場合は、3つの射撃場から選択できた。「○○射撃場が丁寧に教えてくれるよ」という口コミもあったが、開催日が最も早い射撃場を予約した。

講習では実際に散弾銃を撃つ。しかも、結構な速度で空中を飛んでいくクレーと呼ばれるお皿に命中させなければならない。射撃場のルールによって異なるが、本番では25枚中2～3枚割らないと合格できない。

もちろん、いきなり撃たされるわけではなく、座学をはじめ実銃を利用した取り扱いのレクチャーなどを行った後に、射撃練習が行われる。それでも初めて銃を撃つときは本当に不安だったし、緊張したのを覚えている。

実銃は射撃場が用意した銃を使うのだが、これが驚くほど重かった。持ち続けるだけでも大変だったし、さらに衝撃的だったのが銃の反動だ。当たり前だがフォームも安定しないので顎や頬骨、肩に射撃の反動が直接くる。練習、本番合わせて75発撃ったが、撃つたびに激痛が走る。もう投げ出してしまいたいと本気で思ったが、弾がクレーに命中する楽しさでなんとか耐えた。教官も丁寧にアドバイスをくれるので、修正していく楽しさもあった。

私がテスト本番で命中させたクレーは、たったの3枚！　合格ギリギリの線だった。教習後は青アザだらけになったが、いまは平気な顔で一丁前に銃を撃っている自分がいる。

射撃教習のときにもらった教本。銃を所持したらもう一度読み返してみよう

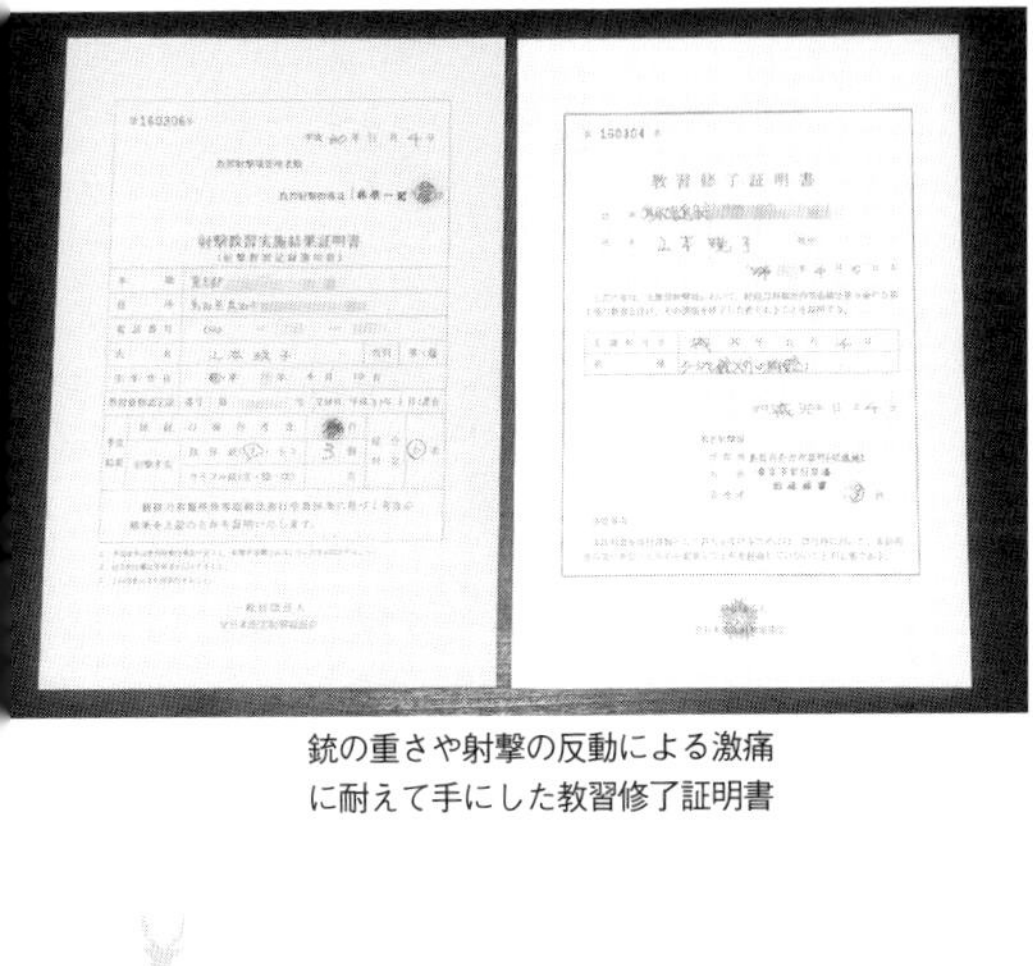
銃の重さや射撃の反動による激痛に耐えて手にした教習修了証明書

銃を手に入れる

銃を仮押さえして銃砲所持許可の申請をする

銃砲店では、中古銃や新銃のなかから用途や体型に合ったものをすすめてくれる。購入後も銃の調整やメンテナンスなどを引き受けてもらえるほか、さまざまな狩猟グッズも取りそろえているので、足しげく通う人も多い

銃の入手先

銃砲店 オススメ！

実店舗が基本だが、インターネットを介して注文も可能。通販の場合は特殊な宅配便で送られてくる

個人間での譲渡

基本は対面で行ったほうがいい。SNS経由や「ガンオク」などのサイトを介して個人間での取引も行われている

散弾銃の人は教習射撃合格後に、空気銃の人は初心者講習合格後に、それぞれ「銃砲所持許可」の申請へと進むわけだが、その前にやっておかなければならないのが、銃の仮押さえとガンロッカーと装弾ロッカーの購入だ。

銃の入手先としては、銃砲店か個人間の譲渡がある。銃は目的に合ったタイプを選ぶだけではなく、自分の体形や射法に合ったものを選ぶ必要があるので、私は銃砲店をおすすめする。専門家に相談できるし、実物を確認できるメリットは大きい。かくいう私は猟友会を通じて、引退するという猟師から銃を無料で譲り受けた。幸運なことに私にピッタリの銃だったので、いまなお相棒として大活躍している。

所持する銃が決まったら、仮押さえをして銃砲店、あるいは譲ってくれる人に譲渡承諾書を書いてもらう。これに記載された銃に対して審査が行われ、許可が下りることになる。

ガンロッカーと装弾ロッカー

銃を保管するガンロッカーと弾を保管する装弾ロッカーも、この時点で入手・設置する必要がある。ガンロッカーは新品で3～4万円、装弾ロッカーは1～2万円、中古ならその半分が相場だが、私は中古が買えなかったので、インターネット通販で新品を購入した。

ロッカーは簡単に持ち出せないように壁や床に固定する必要がある。賃貸物件だとネジ用の穴を開けられないのがネックだが、大家さんや警察と相談して条件を満たす工夫をしよう。どうしても無理ならば自宅保管を諦めて、銃砲店に依託保管する方法もある。月々1000～3000円くらいで預かってくれる。

銃を決めて譲渡等承諾書を入手してロッカーを設置したら、いよいよ銃砲所持許可申請をする。そろえなければならない書類が、これでもかというほどあってやや気が滅入るかもしれないが、頑張るしかない。散弾銃の人は、教習資格認定申請の際に提出した書類が一部流用できるので、負担は少し軽くなるはず。

申請が完了したら、警察による所持資格調査がはじまる。実際に警察官が自宅へやって来て、ロッカーの設置確認などが行われる。空気銃の人は、ここで同居家族を含めた面接や身辺調査などが行われる。詳しくはP.138を参照してほしい。

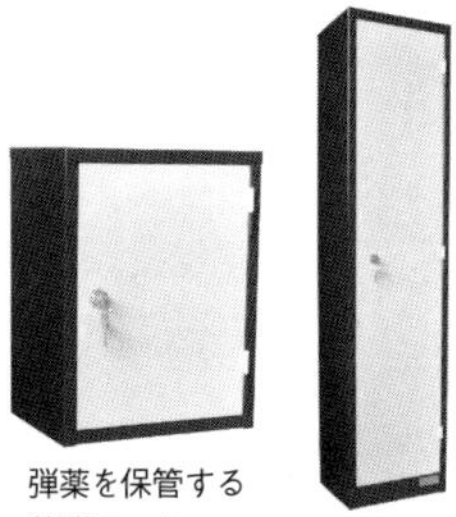

銃が3挺ほど入るガンロッカー

弾薬を保管する装弾ロッカー

(写真提供／西尾金庫鋼板(株))

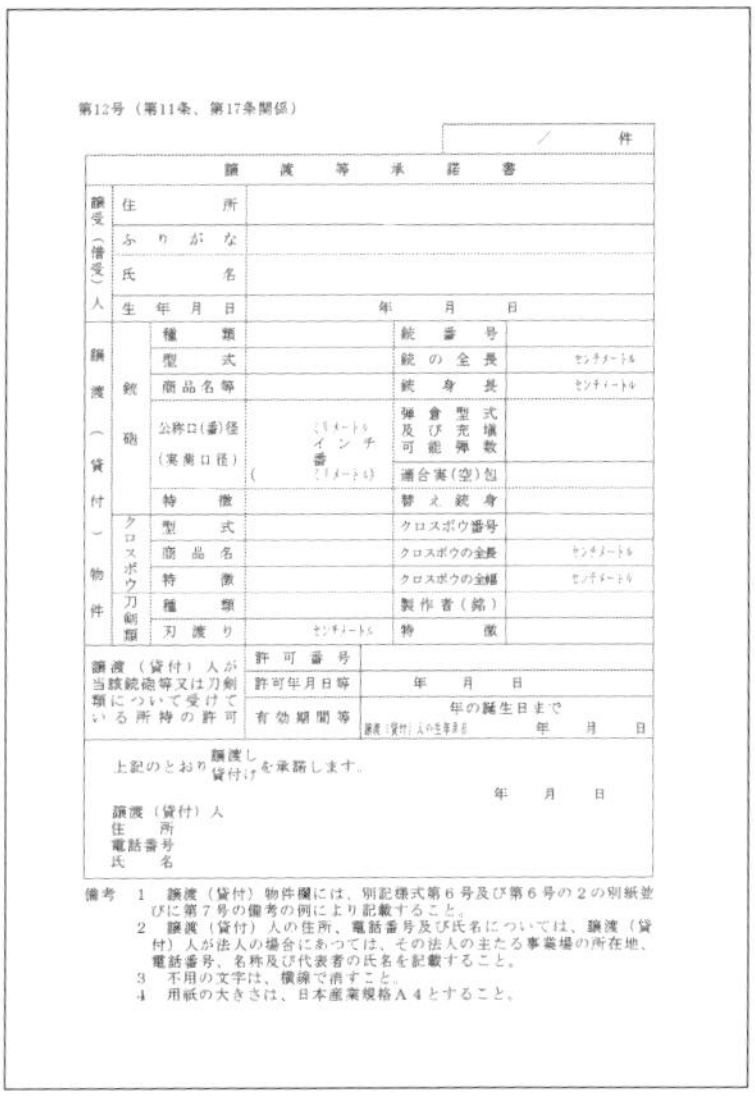

第12号（第11条、第17条関係）

／　件

譲渡等承諾書

譲受（借受）人		住所			
		ふりがな			
		氏名			
		生年月日	年　月　日		
譲渡（貸付）物件	銃砲	種類		銃番号	
		型式		銃の全長	センチメートル
		商品名等		銃身長	センチメートル
		公称口(番)径（実測口径）	ミリメートル インチ 番 （　ミリメートル）	弾倉型式及び充塡可能弾数	
				適合実(空)包	
		特徴		替え銃身	
	クロスボウ	型式		クロスボウ番号	
		商品名		クロスボウの全長	センチメートル
		特徴		クロスボウの全幅	センチメートル
	刀剣類	種類		製作者（銘）	
		刃渡り	センチメートル	特徴	
譲渡（貸付）人が当該銃砲等又は刀剣類について受けている所持の許可		許可番号			
		許可年月日等	年　月　日		
		有効期間等	年の誕生日まで 譲渡（貸付）人の生年月日　年　月　日		

上記のとおり譲渡し／貸付けを承諾します。

年　月　日

譲渡（貸付）人
住所
電話番号
氏名

備考　1　譲渡（貸付）物件欄には、別記様式第6号及び第6号の2の別紙並びに第7号の備考の例により記載すること。
2　譲渡（貸付）人の住所、電話番号及び氏名については、譲渡（貸付）人が法人の場合にあつては、その法人の主たる事業場の所在地、電話番号、名称及び代表者の氏名を記載すること。
3　不用の文字は、横線で消すこと。
4　用紙の大きさは、日本産業規格A4とすること。

銃の譲渡等承諾書

銃を狩猟で使うために

銃砲所持許可証は用途に注意を

銃所持許可申請後、1～3カ月待つと「銃所持許可が下りたので警察に来てください」と警察から電話が入るので、なるべく早めに許可証を受け取りにいこう。

「猟銃・空気銃所持許可証」と金ピカの文字で書かれた憧れの青色の手帳を警察署で受け取った瞬間を、私はいまも鮮明に覚えている。ただ、浮かれてばかりはいられない。受け取った日から3カ月以内に、予定している銃を引き取らなければならないからだ。

さらに、銃を所持してもそれで終わりではない。銃を受け取った日から14日以内に、その銃と銃砲所持許可証を持って再び警察へ出頭し、実銃と申請書類の内容に相違がないか検査を受けなければならない。これらがすべて終わって初めて、銃を所持するための手続きが完了する。

銃取得後に注意すること

銃砲所持許可証を入手したら、気をつけてほしいことがある。それは許可証の下部にある「用途」という欄の記載だ。銃の用途は①標的射撃（スポーツ射撃）②狩猟③有害鳥獣駆除（指定管理鳥獣捕獲等事業を含む）の3種類に限定されている。

ただ、②狩猟で申請しても、「標的射撃で練習を積んでほしい」という警察の意向が強い自治体では、最初は①

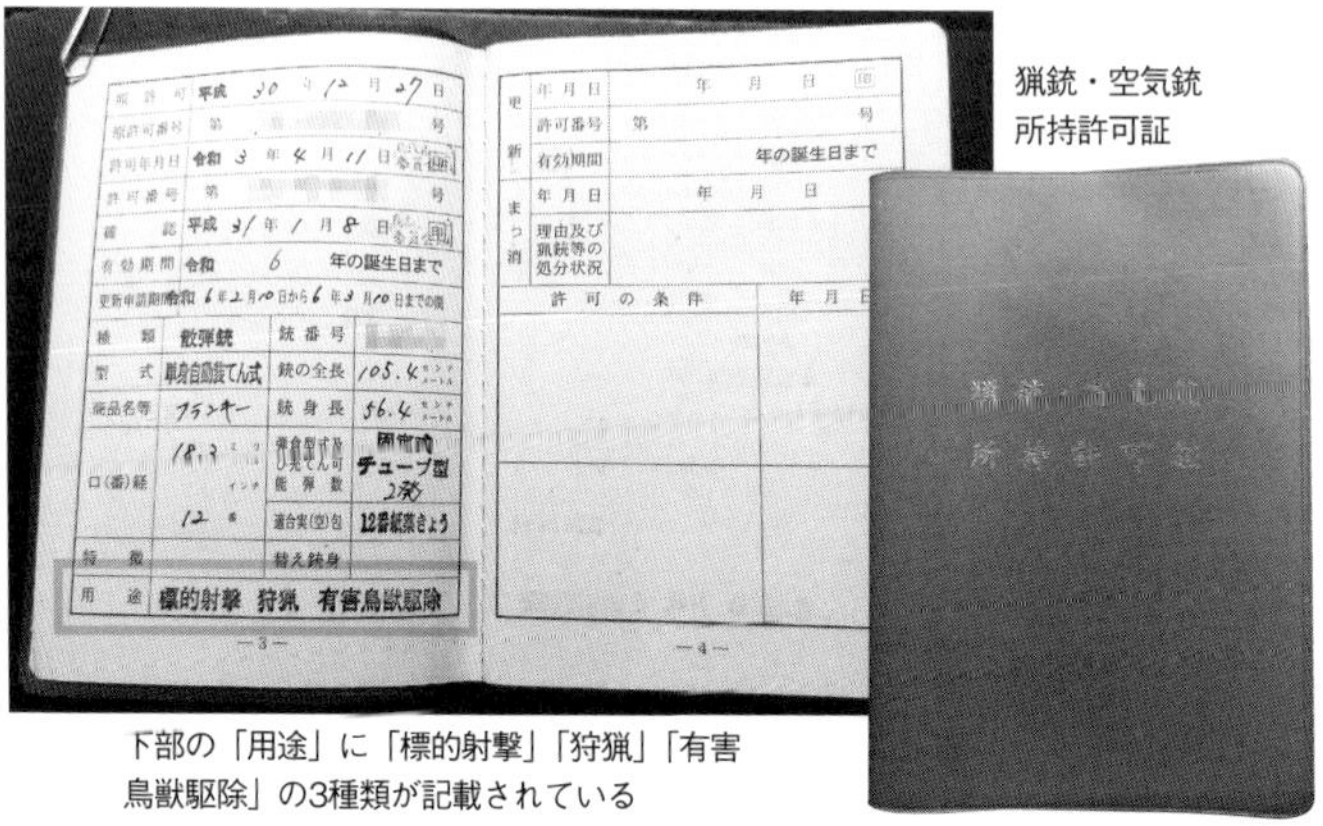

猟銃・空気銃
所持許可証

下部の「用途」に「標的射撃」「狩猟」「有害鳥獣駆除」の3種類が記載されている

標的射撃の許可しか下りないこともある。ひと通り射撃場で練習を行い、猟期前に②狩猟の追記を警察で申請してほしい。また、有害鳥獣駆除で銃を使用する場合は③も申請が必要になる。利用予定の銃が複数ある人は、それぞれの銃一挺ずつに用途の追加が必要なので注意しよう。

弾の購入方法は2パターン

散弾銃は弾の購入に際しても許可が必要だ（空気銃の弾であるペレットは無許可で購入可能）。入手の方法は「譲受許可」と「無許可譲受」のふたつ。前者は警察署の猟銃用火薬類等譲受許可申請で許可をもらう方法で、こちらが一般的だ。後者は猟友会などの団体が発行する、猟銃用火薬類無許可譲受票を利用する方法。

たとえば鳥取県猟友会の場合、狩猟者登録時に猟銃用火薬類無許可譲受票を発行してくれる。私はこれで弾を購入することが多い。

気をつけてほしいのが、弾にも使用目的によって用途と消費期限、1日の消費数量の規定があるということだ。たとえば、捕獲または駆除のために1日で使える実包と空包数は合計100個以下なのに対し、射的練習のために1日で使える実包と空包の合計は400個以下だ（ただし消費許可を受ければ上限が解除される）。

また、列車やバスといった公共交通機関で運搬する場合は、規則によって一度に持ち運べる数に限りが設けられている。ほかにも、標的射撃目的で購入した弾は狩猟に使えないが、狩猟目的で購入した弾は練習を目的とした標的射撃には利用できるとされている（都道府県によって解釈が違う可能性もある）など、いろいろ規定がある。

さらに面倒くさいことに、購入した弾をいつ、どこで、何の目的で、いくつ消費したかなども記録をつけなければならない。大日本猟友会の会報誌に「猟銃用実包管理帳簿」がついているので、参考にするといい。

毎年猟友会会員に配られる日猟会報の中に、猟銃用実包管理帳簿が掲載されている。私はエクセルで同じものを作成して管理している

散弾銃の選び方

種類が多い散弾銃それぞれの特徴を理解する

銃を所持するにあたって私が一番頭を悩ませたのが、「散弾銃の種類」はどれがいいのか？ ということだった。猟友会の人に「銃はどんなのがいい？」と聞かれたので、「イノシシが殺せればいい」と伝えたところ、なぜか論争が始まってしまい、「自動銃がええ。鳥もいける」「いや、上下二連のほうが使いやすい。◯◯さんが持っとる銃は12番だからそっちがええ」という調子。銃の知識がない私には、まるで呪文にしか聞こえなかった。

そんな自分自身の体験をもとに、初心者が銃を選ぶときに最低限知っておきたい、散弾銃の大まかな概要を紹介する。ここでは概要を頭に入れてもらいたいので、あえてメインストリームのものしか取り上げない。興味のある人は狩猟読本などのテキストで、より詳しく調べてほしい。

タイプごとに特徴がある

散弾銃は用途、弾の装填方式、口径、銃身といった特徴によって、いくつかの種類に分けることができる。たとえば、「12番・上下二連・スキート銃」という銃もあれば「20番・自動・猟銃」という銃もある。ここでいう12番や20番というのは、銃に詰められる弾のケース（薬莢）の口径のこと。上下二連や自動というのは、実包（弾）の装填と排莢の方式の違い。そしてスキート

用途による分類

用途	種類名	特徴
狩猟	狩猟銃	野外で持ち歩いて撃てるように設計してある銃。軽量化されていたり、持ち運びやすいようスリング（肩掛けの紐）が装着できるようになっていたりすることが多い
競技	スキート銃	クレー射撃のスキート用に設計された銃
	トラップ銃	クレー射撃のトラップ用に設計された銃
	スポーティング銃	スポーティング競技といって、さまざまなタイプのクレー射撃を行うために設計された銃

装填方法（弾を込める方法）による分類

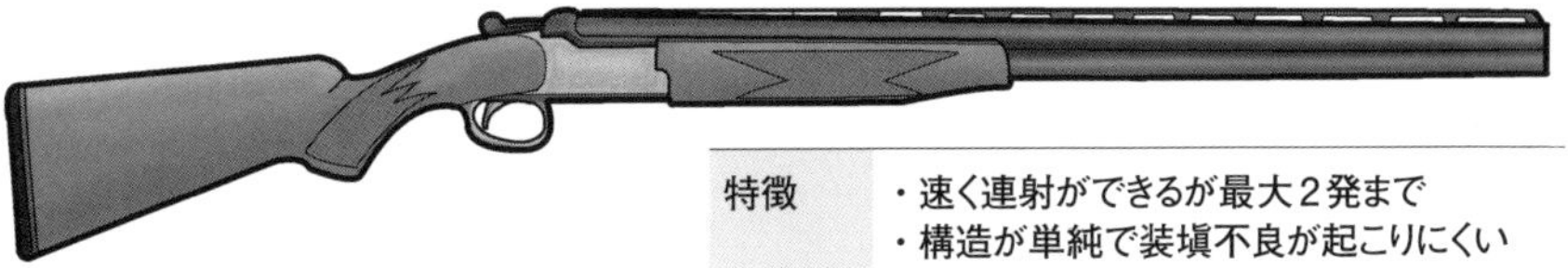

上下二連式（元折れ式）

特徴	・速く連射ができるが最大２発まで ・構造が単純で装填不良が起こりにくい ・重い ・反動が強い弾に向かない
主な用途	・鳥猟向き

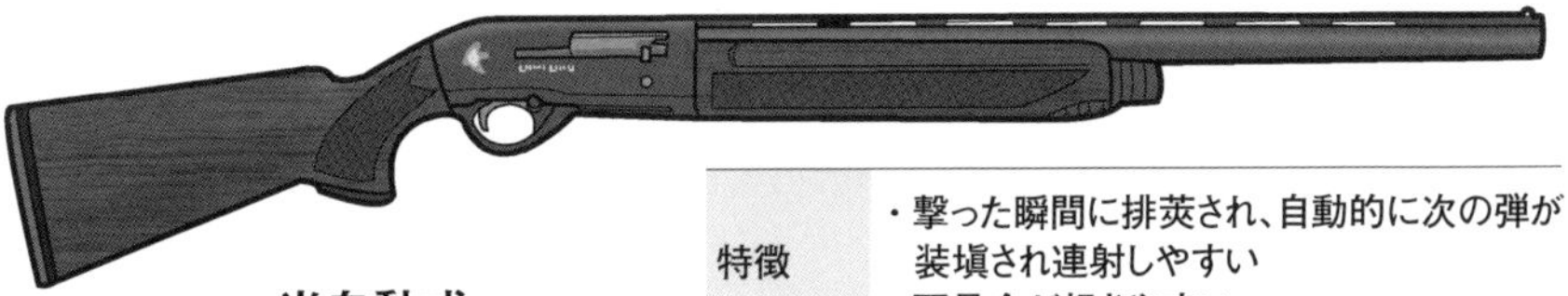

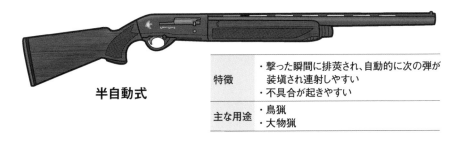

半自動式

特徴	・撃った瞬間に排莢され、自動的に次の弾が装填され連射しやすい ・不具合が起きやすい
主な用途	・鳥猟 ・大物猟

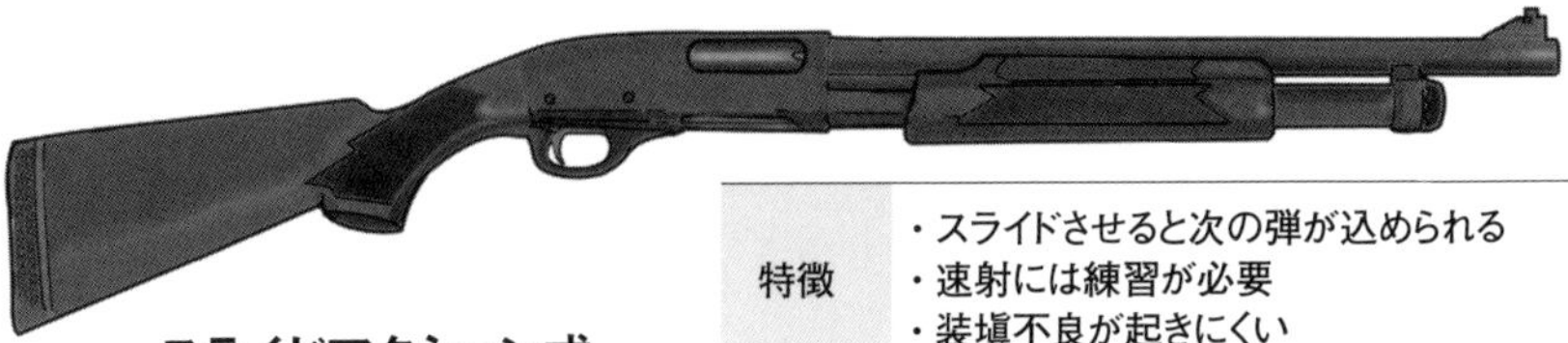

スライドアクション式

特徴	・スライドさせると次の弾が込められる ・速射には練習が必要 ・装填不良が起きにくい
主な用途	・鳥猟 ・大物猟

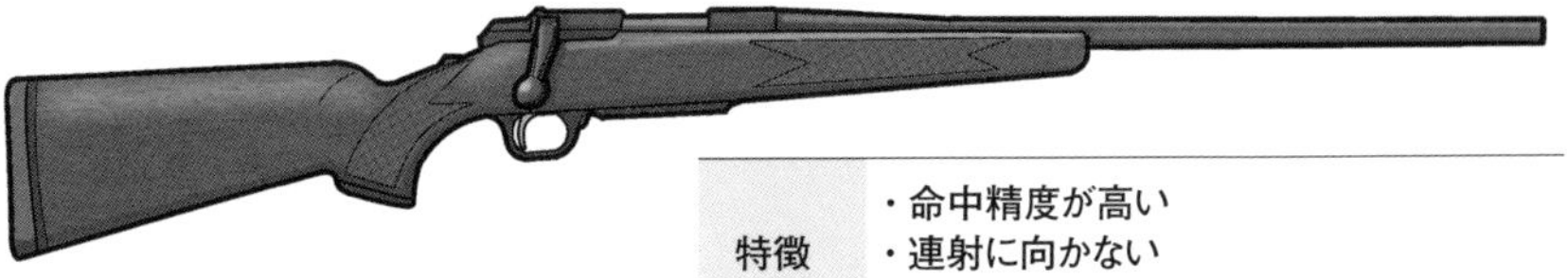

ボルトアクション式

特徴	・命中精度が高い ・連射に向かない ・装填する際、一度片手を放す必要がある
主な用途	・大物猟

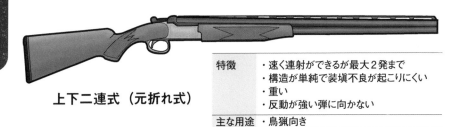

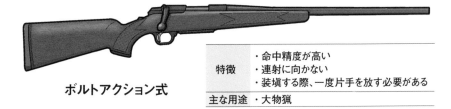

銃や猟銃というのは、散弾銃のタイプの違いと思ってもらえばいい。

散弾銃に使われる弾は「散弾実包（ショットシェル）」と呼ばれ、ケース（薬莢）の中に雷管、火薬、散弾が詰められている。大量の小粒弾が広がって飛んでいくのが散弾というイメージが強いが、威力のある「スラッグ弾」という一粒弾を撃つこともできる。

銃身の先端の絞りの違い

少し専門的な話になるが、散弾銃には先端に向かって銃身の内径が狭くなるように加工されているものがあり、これをチョーク（絞り）と呼ぶ。命中と殺傷に有効な距離で弾が拡散するように調整するのに用いられる。一般的に絞りは6段階ほどあるが、最初のうちは違いまで覚える必要はないと思う。しかし、絞りという言葉とその意味は

口径による違い

口径	利用者数	値段	威力	反動	用途
12番（内径約 18.5㎜）	多い	安い	大	大	鳥猟・大物猟
20番（内径約 16.0㎜）	少ない	高い	中	中	大物猟

Tips

迷ったら12番！

左が12番、右が20番のスラッグ実包。間違えやすい20番は黄色で統一されている

12番は標的射撃でも一般的な口径なので流通量が多く、日本で許可されている散弾銃の中で一番威力が高い。とくにこだわりもなく、2挺以上所持する予定であれば、汎用性の高い12番がオススメだ。ただし、大物猟メインであれば20番がオススメ。12番より威力がないが、反動が小さいので制御しやすく、一般的には着弾点が安定しやすい。

知っておきたい。なぜなら、絞りがキツい（出口が狭い）銃で大物向けのスラッグ弾を撃つと故障の原因となるのだが、これを知らない初心者をチラホラ見かけるからだ。

なお、銃によってはもともと絞りが固定されているものもあれば、銃の先端の部品を交換することで絞りを変更できるもの（交換チョーク）がある。

私の自動銃はチョークを4段階で変更できるタイプだが、最初はまったくこれを使いこなすことができなかった。射撃場や狩猟の現場でとにかく経験を積むことで、どの絞りがいいのかという感覚を身につけていった。

「今日は大きな池でカモを狙うから、ちょっとだけキツ目のチョークに交換しておこうかな」と状況に応じて使い分けることで、狩猟の成果も確実に上がっている。

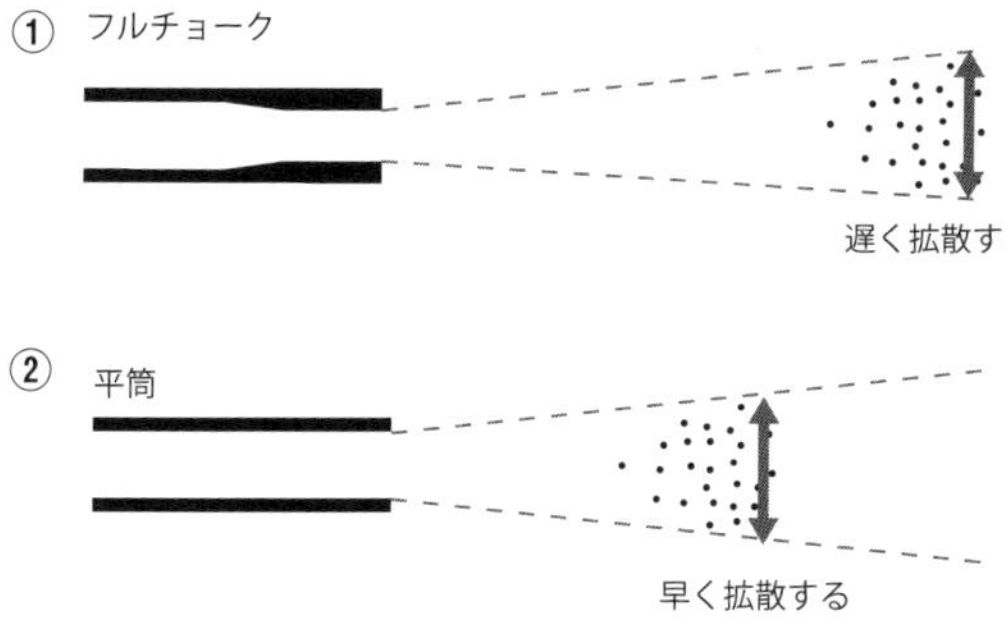

チョークについて

絞りがキツいチョークのほうがより遅く拡散するので、遠くの標的を狙うときに都合がいい

Tips ハーフライフルとは?

P.131で散弾銃をスムースボアとハーフライフルに分類しているが、スムースボアとは銃身内部（銃腔内）が平滑という意味。ハーフライフルは銃腔内の半分以下にライフリングが施されているという意味。ライフリングとは銃腔内にらせん状に刻まれた溝のこと。弾頭に回転を加えて発射することで、弾をまっすぐ遠くまで飛ばすことができる。「サボットスラッグ」という弾を利用するのが一般的で、より遠くの獲物を精密射撃できる。
大半の散弾銃はスムースボアなので、一般的には散弾銃＝スムースボアという扱いになっている。

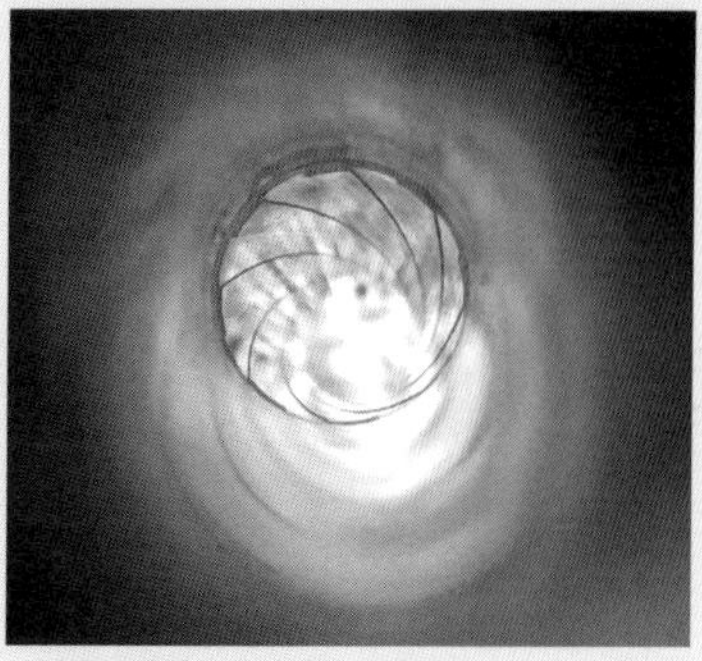
銃身の内部にらせん状の溝（ライフリング）が刻まれている

弾の選び方とメンテナンス

散弾銃では獲物によって弾を使い分ける

弾（散弾実包）も銃と同じように、薬莢の形状や弾丸の重量などで区分できる。詳しいことは少しずつ覚えていけばいいと思うが、「獲物によって弾の種類を替える」必要があること、「射撃練習の際は弾の号数が決まっている（射撃場によって異なる）」こと、「火薬量によって反動や威力が違う」ということだけは理解しておこう。

たとえば、小動物を大きな弾丸で撃てば肉が砕け飛んでしまうほどのダメージを与えてしまうし、威力の弱い弾を大型獣に命中させても致命傷には至らず逃げられてしまい、動物を無駄に苦しめるだけになってしまう。

弾には規格の違いだけでなく、メーカーによる違いや銃との相性もあるが、最初はそこまでこだわらなくてもいい。銃砲店で自分の銃の種類と使用目的を伝えれば、銃砲店の店主がそれに合ったものを見つくろってくれる。狙う獲物にはどんな弾が適しているのかは、獲物を捕獲できる最も遠い距離を示す最大有効射程距離や威力がどれくらいかを理解する必要もあるので、まずは経験を積んでいくしかない。

銃のメンテナンスは必須

なお、銃の使用後のメンテナンスは、事故を防ぐと同時に銃を長持ちさせるためにも必須。そもそも銃は金属でできているので錆びやすい。さらに野外で酷使することでゴミが入り、火薬の燃えカスが銃腔内に付着することもある。そこで、ガンオイルと洗い矢セットを使った銃腔内のこまめな掃除が必要になる。ただし、機関部は素人が手を出さないほうがいい。調子が悪いと感じたら、まずは銃砲店に相談しよう。

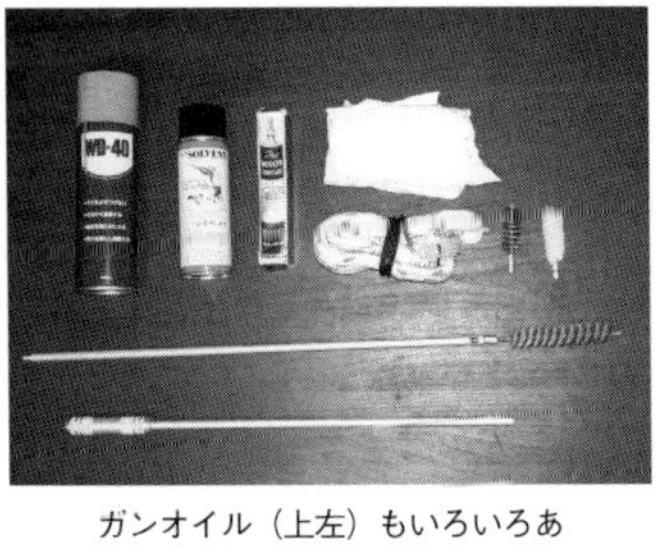

ガンオイル（上左）もいろいろある。洗い矢セット（上右・下）はインターネット通販でも買える

代表的な散弾の規格

規格	獲物／射撃練習	最大有効射程距離
スラッグ（12番）	クマ・イノシシ・シカ	100 m
3号	カモ	50 m
7.5号	中型鳥類（トラップ射撃）	40 m
9号	小型鳥類（スキート射撃）	40 m

山本暁子の狩猟な毎日

「ある銃砲店で弾を買う際のやりとり」

私

明日、トラップの練習をするから、
2ラウンド分の弾をください。

トラップは7.5号だね。
あんたの銃は12番の自動銃だったね。
回転不良起きやすいから100円高いけど
こっちの弾にしたほうがいいよ。2ラウンドは100発ね。
この前の弾が余っていたら75発でもいいかもしれない。

銃砲店店主

私

う〜ん。じゃあそれを100発ください。
あ、あと、イノシシの止め刺し用が20発ほど欲しいです。

止め刺し用はスラッグだね。
巻き狩りもするだろう?
狩猟用の威力が強いのにしといたほうがいいと思うよ。

銃砲店店主

空気銃の選び方

空気の力でペレットを発射する空気銃

獲物に気づかれないようにそっと近づき、遠方のカモを狙う

空気銃はエアライフルとも呼ばれ、圧縮した空気やガスの力でペレットという小さな金属の弾を発射する銃だ。スコープを併用して精密射撃をするのが一般的。散弾銃に比べて発射音が小さいので、銃声を響かせたくない都市近郊での鳥猟に向いている。

近年では威力の大きいタイプもあるので、罠で捕獲したシカやイノシシの止め刺し用としても人気だ。というのも、前述したように空気銃には銃砲所持許可取得の際の実技試験がない。しかも、ペレット（弾）は安価で許可なしで買える。空気銃の相場は新品で20万円〜と、それなりに値が張る。初期費用はかかるが、弾代は1発10円程度（散弾銃のスラッグ弾は1発250円〜）なので、ランニングコストは安いといえるだろう。

空気銃もタイプはいろいろ

銃砲店や先輩ハンターと空気銃の話をすると、「第3世代のエアは……」とか「これはドロップが……」といった専門用語が飛び交い、狩猟初心者には何の話をしているのかわからないことも少なくない。空気銃の話を詳しく説明しようとすると、それだけで一冊の本ができあがってしまうので、ここでは空気銃について最低限知っておいたほうがいいと思うポイントを、私の独断と偏見で紹介しておく。

構造の違いによる空気銃の分類

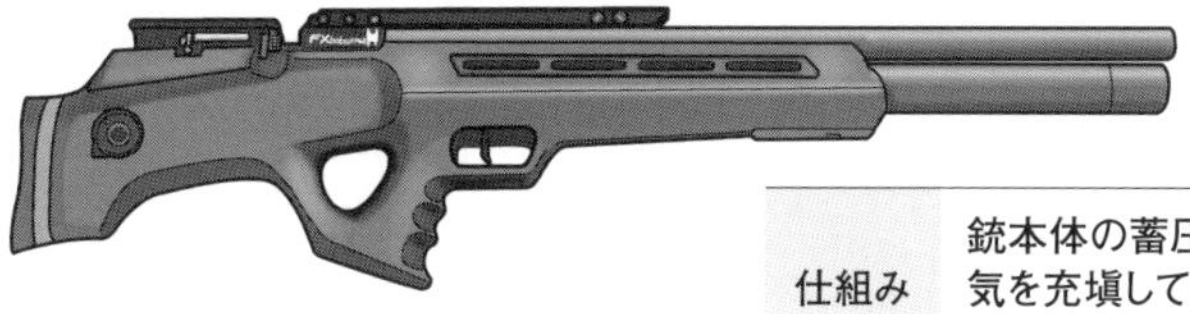

プレチャージ（PCP）式

仕組み	銃本体の蓄圧室などに前もって高圧の空気を充填しておき、その圧力を少しずつ排出することで発射する
特徴	現在、最も人気があるタイプ。威力があり射程距離も長いが、銃本体の値段が高い。高圧空気を充填するためのエアボンベなどが必要 ※自転車に空気を入れる要領で手動で行うタイプもあるが、かなりの力と運動量が必要

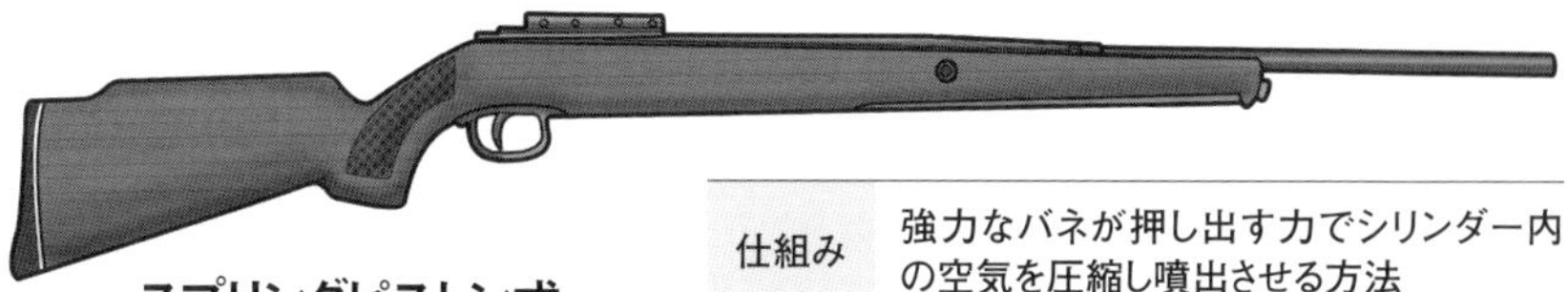

スプリングピストン式

仕組み	強力なバネが押し出す力でシリンダー内の空気を圧縮し噴出させる方法
特徴	威力や射程距離は低い。エアボンベなどが不要。レバーなどを一回引くだけで発射できる

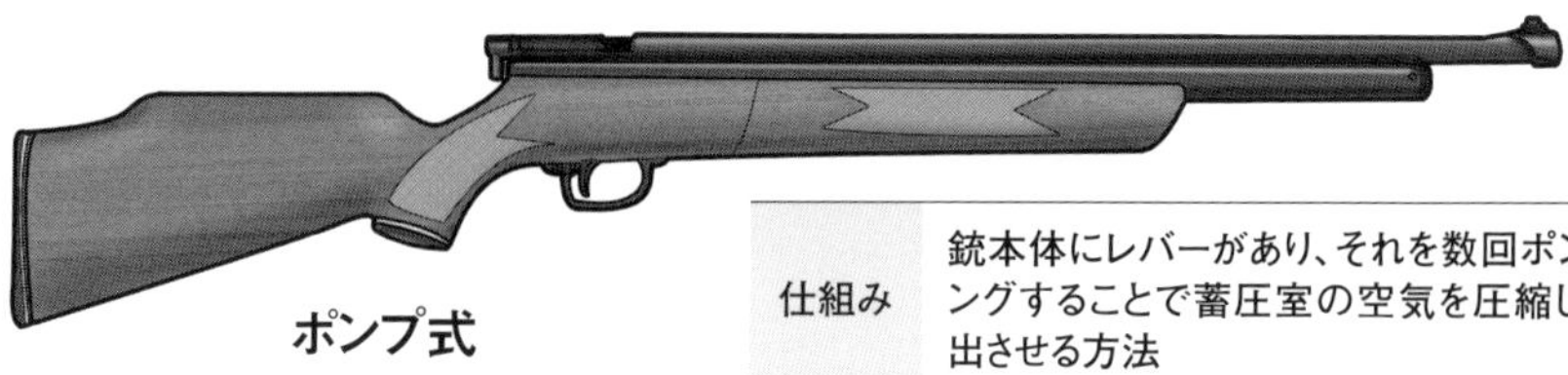

ポンプ式

仕組み	銃本体にレバーがあり、それを数回ポンピングすることで蓄圧室の空気を圧縮し噴出させる方法
特徴	発射ごとに数回のポンピングをしなければならない。ポンピングの回数で威力を調節できる。エアボンベなどが不要

くくり罠にかかったシカを空気銃で止め刺しする様子

ほかにもガスカートリッジ式があるが、最近は影を潜めている

まず空気銃は前ページで紹介したように、いくつかのタイプに分類できる。ペレットは口径によって威力や空気抵抗、そして射撃の難易度も違ってくるが、狙える獲物の目安は下の表のようなイメージだ。ただ、同じペレットを使っても、銃によって溜めている空気圧が変わってくるので、〝威力や距離〟も異なる。相性もあるので何種類ものペレットを試射して、自分の空気銃に合ったものを見つける必要がある。

スコープをゼロインに調整する

空気銃を扱ううえで欠かせないのが、照準器（スコープ）だ。空気銃は100m先の獲物をピンポイントで狙えるほどの精密射撃ができるのだが、肉眼で獲物の急所を狙うというのは至難の業。そこで、獲物を拡大して照準を合わせることができるスコープを利用する。

口径による違い

口径	4.5㎜	5.5㎜	6.35㎜	7.62㎜
獲物など	小鳥（ヒヨドリくらいの大きさまで）	小鳥～大型鳥まで	キジやカモなどの大型鳥	止め刺し用

小 ← 威力・空気抵抗・射撃難易度 → 大

空気銃の弾はペレットと呼ばれる。形状もいろいろあり、缶に入った状態で売られている。ペレットの値段は500個で5,000円程度なので、一発10円～20円くらいだと考えておけばいい

しかし、ペレットは重力の影響を受けやすく、獲物が遠ければ遠いほど着弾点がどんどん地面に近づいていく性質がある（これをドロップという）。

たとえば、100m先の獲物を狙うと実際に狙った位置より40㎝ほど下に着弾するので、スコープで覗いて狙った位置と、実際に弾が着弾する位置が合うように照準を合わせる「ゼロイン」という作業が必要になる。

自分の空気銃で50m先を狙ったらどれくらいドロップするのか、これは空気圧やペレットの種類によっても変化するので、実際に撃ってみないとわからない。よって、猟場に出る前に射撃場に行って実際に射撃をして、50m先の的の中心に当たるように調整してほしい。なお、山中の木などに標的を張りつけて練習することは法律で禁止されているので、絶対にやらないこと。

スコープで覗いたときの様子。拡大されるだけではなく、狙いが定められるようにレティクルと呼ばれる線が表示されている

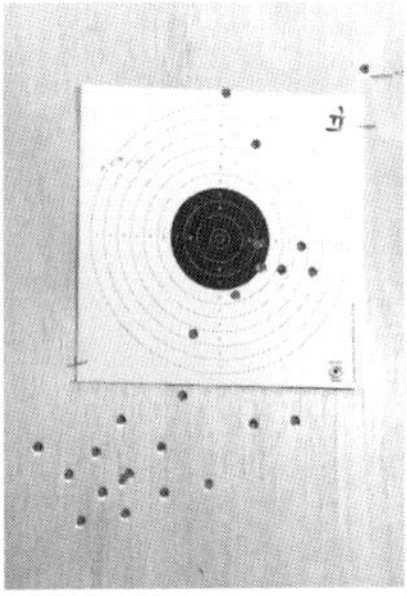
標的。ドロップの分を計算し、少しずつ発射角度を上向きに調整していく

射撃場でゼロインをする様子。ベンチレストと呼ばれる銃を固定する道具を利用することで正確に調整できる。空気銃とペレットの相性も重要なのでテストが必要だ

ゼロインしていないと…

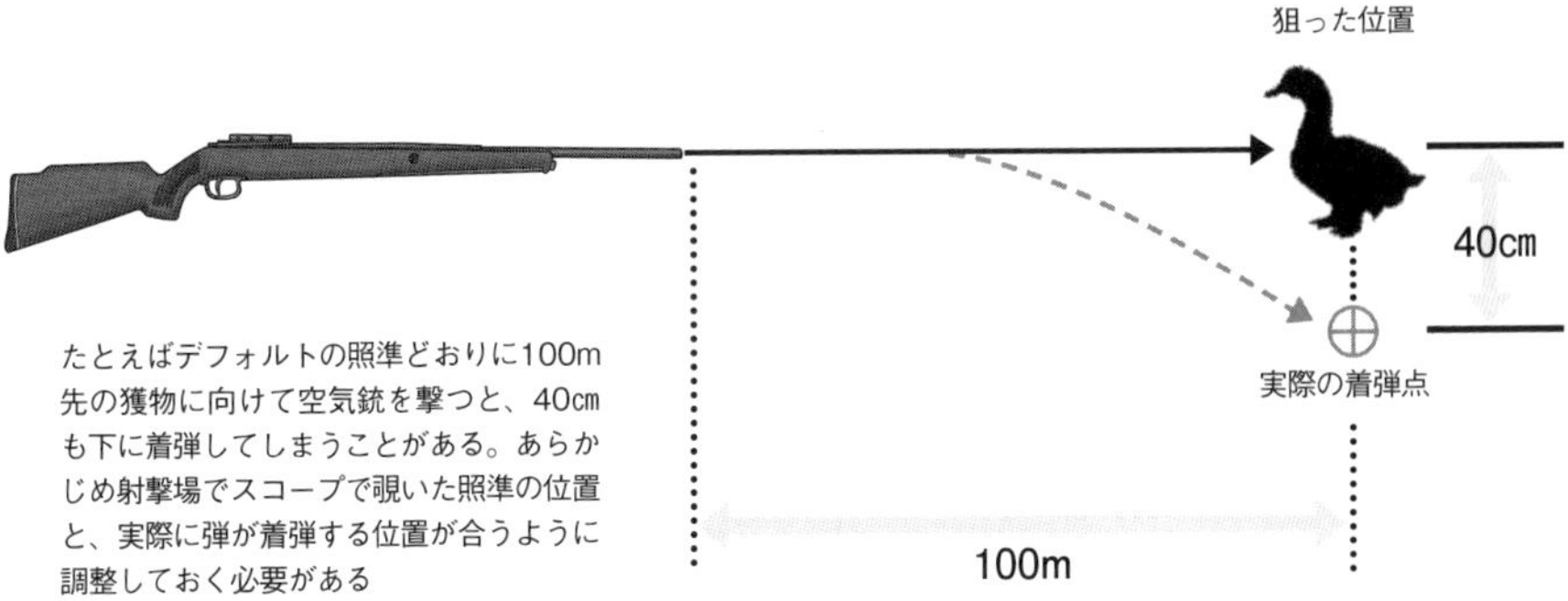

たとえばデフォルトの照準どおりに100m先の獲物に向けて空気銃を撃つと、40㎝も下に着弾してしまうことがある。あらかじめ射撃場でスコープで覗いた照準の位置と、実際に弾が着弾する位置が合うように調整しておく必要がある

猟場に立つ前に

銃を所持してからも射撃場で練習を積もう

　銃を所持した以上、すぐにでも出猟したいと思うのは当然だが、そこをグッとこらえてまずは射撃場で練習を積んでほしい。というのも、猟場では想像もしないようなことが起こるし、獲物を目の前にしたとき平常心でいられる初心者は滅多にいない。射撃の技術を向上させるだけでなく、安全に猟を行うためにも、まずは射撃場での練習を通して、銃の取り扱いに慣れることを最優先しよう。

　私が初めて自分の銃で撃ったのは、罠にかかった大きなオスジカだった。ベテラン猟師3名に指導してもらいながら撃ったが、「本当に私の確認に漏れはないだろうか?」という不安で引き金をなかなか引けず、何度もベテラン猟師に確認をした覚えがある。暴れまわるオスジカを前にすると、緊張して手が震えて余計に照準が定まらない。シカが逃げたらどうしようと思うと、焦る気持ちが加速した。このように、止め刺しだけでも想像以上に余裕がなくなってしまうもの。銃猟ではさらに予期せぬことが起こる可能性もあるということを、覚えておいてほしい。

知らなかったでは済まされない

　銃を手にしたものの猟に出るのが不安だという人は、ベテランハンターに指導してもらうだけではなく、任意団体が主催する講習会やスクールに参加するのもいい。鳥取県では県主導で「ハンター養成スクール」が毎年開校されていて、座学だけではなく射撃練習や巻き狩り実習などもあり、これも私には大いに役に立った。

　たまにSNSなどで初心者の狩猟動画や狩猟の写真を見ることがあるが、違法な行為やヒヤっとする場面も少なくない。交通ルールと同じで、「そんな法律知らなかった」では済まされない。たとえ他人が大丈夫だといっても、すべては自分の責任。ここでは私が研修で教わった「よくある違反例」を紹介するが、猟場に立つ前にはもう一度狩猟読本を読み返し、ハンターマップを確認することも忘れずに。

猟友会主催の射撃大会。ベテランハンターに指導してもらいながら射撃練習ができるし、狩猟仲間と出会える場でもある

ハンター養成スクールでの巻き狩り実習。安全確認のためのミーティングの様子。
射撃練習や猟場の下見を行ってから、ベテランハンターや講師と一緒に巻き狩りを実際に行う

よくある違反例

猟期外の狩猟

夜間の発砲

**狩猟不可の区域、
銃使用禁止区域での狩猟
（許可捕獲との混同）**

住居集合地域などにおける発砲

公道での裸銃の持ち歩き
※公道には林道やハイキングコースも含まれる
※裸銃とはケースやカバーに入れずに銃をむき出しの状態で運搬すること

**人・家畜・
建物・乗物などへの発砲
（自分で山などに標的を
設置して行う発砲もダメ！）**
※「発射地点の周囲半径200m以内に人家が約10軒ある場合は居住集合地域等にあたる」という判例がある

車に乗って発砲

安全のために気をつけること

獲物をあきらめることの大切さ

異論反論があるかもしれないが、安全な銃猟のために一番大切なことは「あきらめること」だと私は思っている。もちろん、獲物が獲れないと悔しいと思うし落ち込みもする。「次は獲りたい」という気持ちがどんどん積み重なっていく。でも、よく考えてほしい。狩猟で「絶対に獲らないといけない」場面などないのだ。

「ただの精神論だ」とか「当たり前のことだ」と笑う人がいるかもしれないが、あきらめる前提で猟場に出ると驚くほど安全に狩猟ができる。

教科書どおり説明すると、誤射を防ぐための基本原則は「あらかじめ危険な要因を想定しておくこと、そしてそれを常に繰り返し確認し続けること」だ（左表参照）。これが本当に難しい。初心者ならなおさらだ。考えることが多すぎてパニックになってしまうし、想定外も起こりやすい。どうしてかというと、欲張るからだ。言い換えると、自分の視界に見える「危険な要因がないところをすべて」探そうとするからだ。

なので、私は常に「絶対に安全な方向」を「ひとつだけ」見つける。それ以外は最初から「あきらめて」しまう。ほかの方向も安全かもしれないけど、それもあきらめる。見逃す獲物も多いかもしれないが、意外とこれが猟果につながる。安全性がある程度確認できているので、注意すべきことが少なく、集中して射撃ができるので命中率も高くなる。

この経験を少しずつ重ね、射撃技術も向上すれば精神的にも余裕がもてるようになる。最初は狭かった視野も広がっていくので、安全に撃てるポイントが増えていく。動物の行動も読めるようになってくるので捕獲率もグッと上がると思う。

初心者のころは視野が狭い

狩猟2年目のある日、私は巻き狩りで1頭のシカを仕留めた。シカは想定通りの場所からきたので、バックストップ（左ページ図）などの安全も余裕をもって確認できた。銃を構えたときはすべてがスローモーションに見え、すごく集中してシカを撃てたと思う。喜んでいたら、狩猟仲間に「3頭シカがおったのに何でほかを撃たんかった?」といわれた。そのとき私はハッとした。私にはほかの2頭は見えて(意識できて)いなかったのだ。

実際、猟場に出てみないとわからないことなのだが、獲物に照準を合わせているときは驚くほど視野が狭くなっている。スコープで狙いを定めているときは脳が的だけに集中しているため、さらに狭くなる。

ニュースを見ていると「なんでこんな事故が起こるの?」と思うこともあるが、実はこういうちょっとしたことが重なって起こるのだと推察している。『狩猟読本』や『猟銃等取扱いの知識と実際』を読み返しながら、私の話を思い出してもらえるとうれしい。

誤射を防ぐための基本原則

●あらかじめ危険要因を想定しておく

・人、住居や構造物、車両などの配置

・道路や山道、人が出入りしやすい場所の配置

・バックストップになる場所、ならない場所

・見通しのよい場所、悪い場所

●繰り返し危険要因を確認しつづける

・下見のとき

・待ち伏せしているとき

・獲物を探索しているとき

・発砲の直前

『鳥取県ハンター養成スクール資料』より

矢先とバックストップ

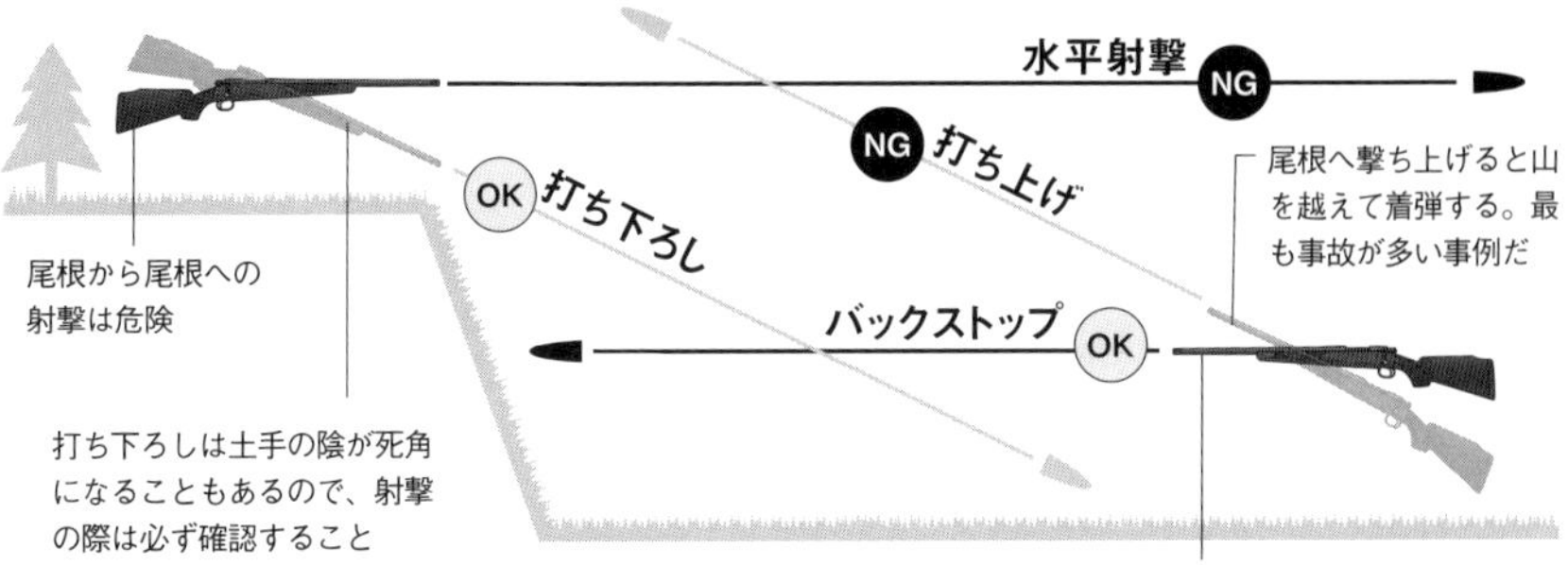
打ち下ろし
尾根へ撃ち上げると山を越えて着弾する。最も事故が多い事例だ
尾根から尾根への射撃は危険
打ち下ろしは土手の陰が死角になることもあるので、射撃の際は必ず確認すること
獲物の後方に安土を確認する。岩肌などの場合は発砲しない

バックストップとは山、崖、高い土手などの弾を受けとめる場所のこと。バックストップがなければ、弾はずっと遠くまで飛んで行く。最悪の場合、自分の知らないところで誤射が発生する可能性がある。

獲物を射程距離に捉える

初心者は「お散歩猟」からはじめるのも一案

銃猟では「銃の射程距離に、どうやって獲物を捉えるのか」がポイントとなる。その方法は主に次のふたつだ。

まず「自分から動いて射程距離をつめる」という方法。これはいかに獲物に気づかれないように距離をつめるかがポイントになる。もうひとつの「獲物を射程距離に引き寄せる」という方法では、エサや笛でおびき寄せたり、犬や人海戦術で引き寄せたりするのが一般的だ。

これらについては第3章の狩猟スタイルで紹介しているが、なにもそれにこだわる必要はない。自分に合った方法、自分のできるレベルの技術で獲物を捉えることができればそれでいい。

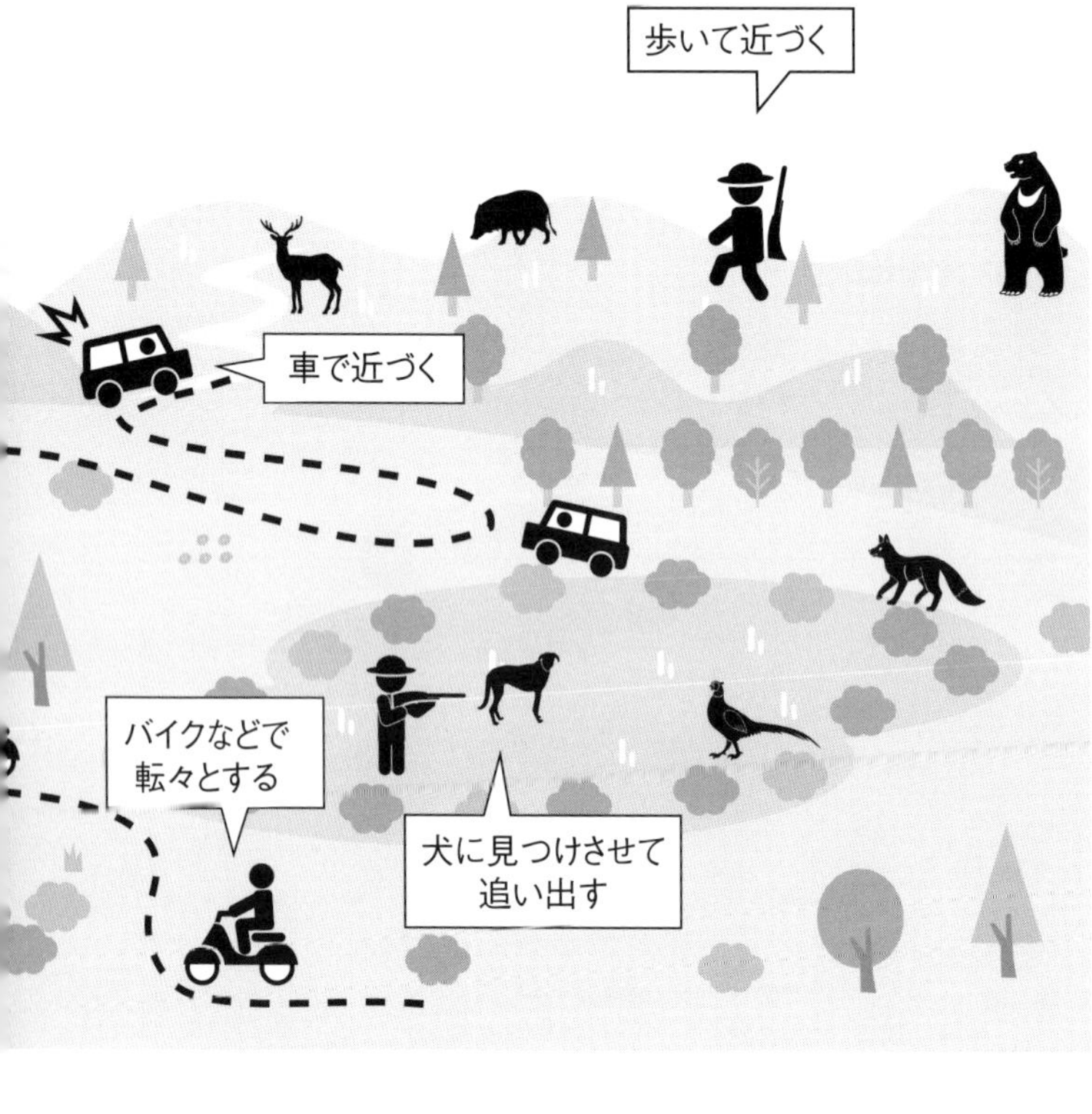

私は初心者のころに、自分で勝手に名づけた「お散歩猟」を実践していた。忍び猟に憧れていたものの、ひとりで山の奥まで入っていく自信がなかったし、慣れないマニュアルシフトの軽トラで狭い林道を走るのも怖かった。そこで、自宅の裏山の林道や作業道を中心に歩き回って、歩きやすい獣道《けものみち》を見つけたらちょっとだけ奥に進んでみるという方法で、獲物を探して回った。

それでもイノシシ、シカ、キツネ、キジバト、ヤマドリ、ヒヨドリ……といったさまざまな狩猟鳥獣に出合い、発砲するチャンスもあった。残念ながら、ほとんど当らなかったが、キジバト、ヒヨドリ、カラスの捕獲には成功し、少しだけ自信にもなった。このように最初はあまり形にこだわらず、自分の力量に合った方法で安全に銃猟を楽しめばいいいと思う。

獲物を銃の射程距離に入れる方法あれこれ

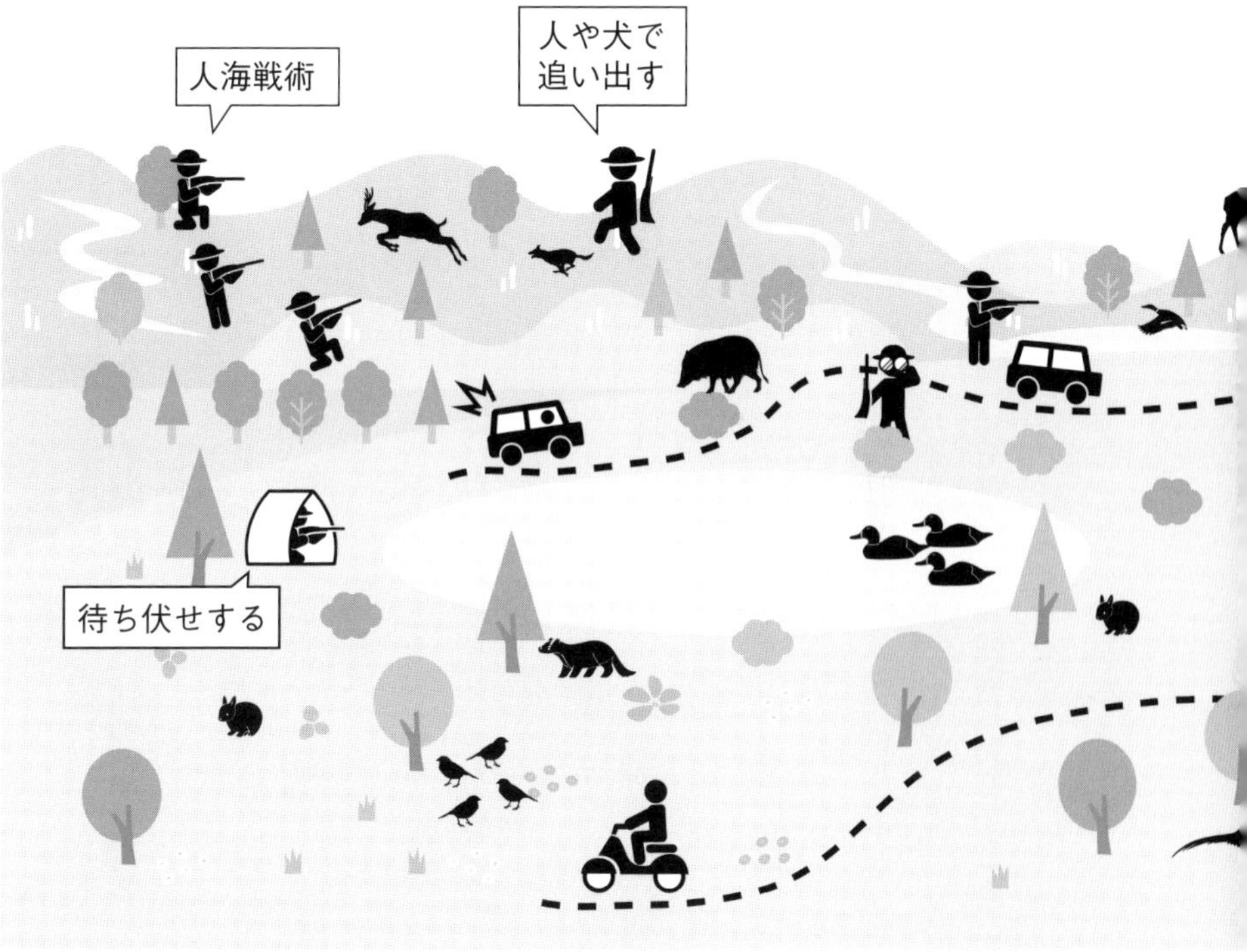

下準備の重要性

本番に向けた準備で猟期外も〝狩猟〟を楽しむ

銃猟は「獲物を見つけて銃を撃って仕留める」という本当にシンプルな猟法だ。しかし、その楽しさは撃つところにあるわけではなく、撃つに至るまでの〝過程〟にあると私は思っている。撃つこと自体が楽しいのであれば、クレーなどの標的射撃のほうが安全だし、好きなだけ撃つことができる。もちろん、狙っていた獲物を仕留めたときの気分は最高だし、家に帰ってその猟果を楽しむのも大きな魅力だが、それはあくまでも狩猟の楽しさのおまけの部分にすぎない。

狩猟の過程のなかでも下準備は最も重要で、その内容は多岐にわたる。しかも、下準備は猟期外にも行えるので、私も含めて1年を通して楽しんでいるという人は多いと思う。

たとえば、一銃一狗や犬による鳥猟を極めようという人は、365日犬を訓練して本番の猟期（11月15日〜2月15日）に備える。射撃技術を向上させるためにオフシーズンには射撃場にも通うし、日頃から猟場の下調べも怠らない。私はこうした下準備に楽しさを感じるし、これを実践できる人は確実に狩猟の腕も上がっていくと思う。

オレンジベストはかならず用意

下準備ということでいえば、猟の現場に出る前に装備についてもしっかりと準備をしておく必要がある。とくに安全かつ快適に猟場を歩くための服や靴、使いやすい重さと形状のナイフ類、万が一のための救急キット、そして大物猟の必需品ともいわれる狩猟用の車選びなど、自分なりにあれこれ調べるのもきっと楽しいと思う。

最後に、銃猟の装備で絶対に忘れてほしくないのが、いわゆるオレンジベストだ。ブレイズオレンジ（セイフティオレンジ）と呼ばれる鮮やかな色のベストを着用することで、ハンターの視認性が上がるため、誤射される危険が確実に下がる。これは自分のためだけでなく、狩猟仲間に誤射をさせないことにもつながるので、面倒くさがらずにかならず着用してほしい。

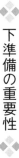

猟期外でもできる下準備

- 射撃場での射撃技術の向上とゼロイン
- 装備類をそろえる
- 猟場の下調べ
- 犬猟のための犬の訓練
- 体力をつける
- 装備の準備

猟場に出るときはオレンジベストと猟友会の帽子をかぶるのが基本中の基本

大きな獲物を荷台に引き上げるためにウインチとロールバーをつけた私の軽トラ

この日は60kgほどのイノシシを捕獲。ウインチで軽トラに載せる

Column 07

ハーフライフルという散弾銃

猟師の銃といえば、散弾銃と並んでライフル銃（ハンティングライフル）を想像する人も多いと思う。実際、日本の猟師でも大物猟にライフルを使用している人は多くいる。だからといって「自分もライフルで大物を狙うぞ！」と思ったとしても、初心者にはそれは叶わない。ライフルはその危険性から、散弾銃を違反や事故なく10年間運用した人間にしか所持許可の審査が下りないのだ。

その解決策として生み出されたのが、散弾銃としての所持が許可されている「ハーフライフル」という銃だ。なぜ「ハーフ」なのかというと、銃身の半分までライフルと同じような螺旋状の溝（ライフリング）が刻まれているから。ライフリングによって弾を回転させることで、通常の散弾銃のスラッグ弾よりも大幅に精度と飛距離を伸ばせるようになっている。弾もサボットと呼ばれる専用の弾を使用するのだが、これはスラッグ弾よりひと回り小さい一発弾を専用の樹脂ケースに閉じ込めた特殊弾。回転しながら発射されたケースから中の弾だけが分離して飛んでいくことで、さらに直進性と飛距離を延ばす仕組みになっている。

ハーフライフルの銃身は上述したように、専用の溝が掘られているため普通の散弾を撃つことはできない。なので、普通の散弾銃とは別にもう一丁用意することになるのだが、銃のモデルによっては替えの銃身に取り換えるだけでどちらにも対応できるものが販売されている。いきなり2挺買うのは予算的にも難しいという人は、こうした銃を検討してみるのも一案だ。

銃身の半分まで らせん状の 溝が刻まれた銃

銃身だけを通常の散弾用のものに付け替えられるハーフライフルもある

Chapter
08

狩猟の現場に立つ

狩猟者登録が済んだら、あとは自由に猟に出ることができる。
しかし、初心者が安心安全に猟を行うことは簡単ではない。
狩猟仲間や師匠の見つけ方、猟場の探し方を解説する。

Make a hunting debut !

狩猟デビューに向けて

狩猟者登録をして猟期になれば出猟できる

結論からいうと、狩猟者登録をして猟期になれば、いきなり出猟することができる。「え？　本当にいいの？」と思うかもしれないが、法律的にはなんら問題はない。車の運転免許の場合は教習所だけでなく、路上教習でも実践的な運転を練習させてもらえるが、狩猟は狩猟免許に合格して狩猟者登録さえすればＯＫなのだ。

具体的な訓練を受けないままの出猟となるため、当然、不安になる人も多いと思う。Ｐ.１６６以降では「師匠や仲間の探し方」「猟場の探し方」も紹介しておくので、自分に合った方法で自信をつけてから出猟してほしい。

念のため猟期について整理しておくと、猟ができるのは各都道府県が定めた日付（一般的には11月15日～2月15日）で、銃猟の人は暦による日の出時刻～日没時刻の間のみとなる。そして、もうひとつ気をつけてほしいのが、ハンターが出猟する際に携帯が義務づけられているものがあるということ。

銃猟と罠・網猟で共通して必要なのが、「狩猟者登録証」の携帯と「狩猟者記章」を衣服または帽子の見やすい場所などに着けること。銃猟の場合はこれに「銃所持許可証」の携帯が加わる。なお、国有林などで猟を行う際は、事前にそこを管理している林野庁の出先機関などに届け出が必要な場合があるので、注意が必要だ。

私の初めての猟期は……

実は初めて猟期を迎えたとき、私は「さあ、山へ出かけよう！」という気持ちにはなれなかった。ＳＮＳでは「いよいよ猟期」という雰囲気があって盛り上がっていたのだが、なんだか他人事のようにも思えた。装備も環境も完全に整っていたわけではなかったし、わざわざベテラン猟師に電話をして指導をお願いするのも気が引けた。

それでもせっかく免許を取ったのだからと思い直し、罠一式を持って山へ出かけた。４カ月近く歩き回った山だったが、いざ罠をかけるとなると急に自信がなくなり、「本当にここに罠をかけて他人に迷惑をかけないだろうか？　止め刺しはできるだろうか？」とマイナスなことばかり考えてしまった。結局、罠をかける場所探しの途中でクマの糞を見つけて怖くなり、罠をかけずに下山した。それでも、たくさんの動物の痕跡を見つけられたし、ヤマドリにも出合えてとても楽しかった。

そんなとき、幸運にも公民館で紹介してもらった猟友会の中年男性が、カモ撃ちの流し猟に連れていってくれた。当時はまだ銃の所持許可が下りていなかったので見学だけだったが、狩猟の話を聞きながら転々と池を回り、カモがいないか双眼鏡で覗いて確認。散弾銃を撃つ瞬間を間近で見せてもらい、カモを池から回収するのを手伝った。すべてが新鮮で楽しく、実際に先輩猟師に現場を見せてもらい、教えてもらうことの大切さを実感した1日だった。

法律で義務づけられている必携品

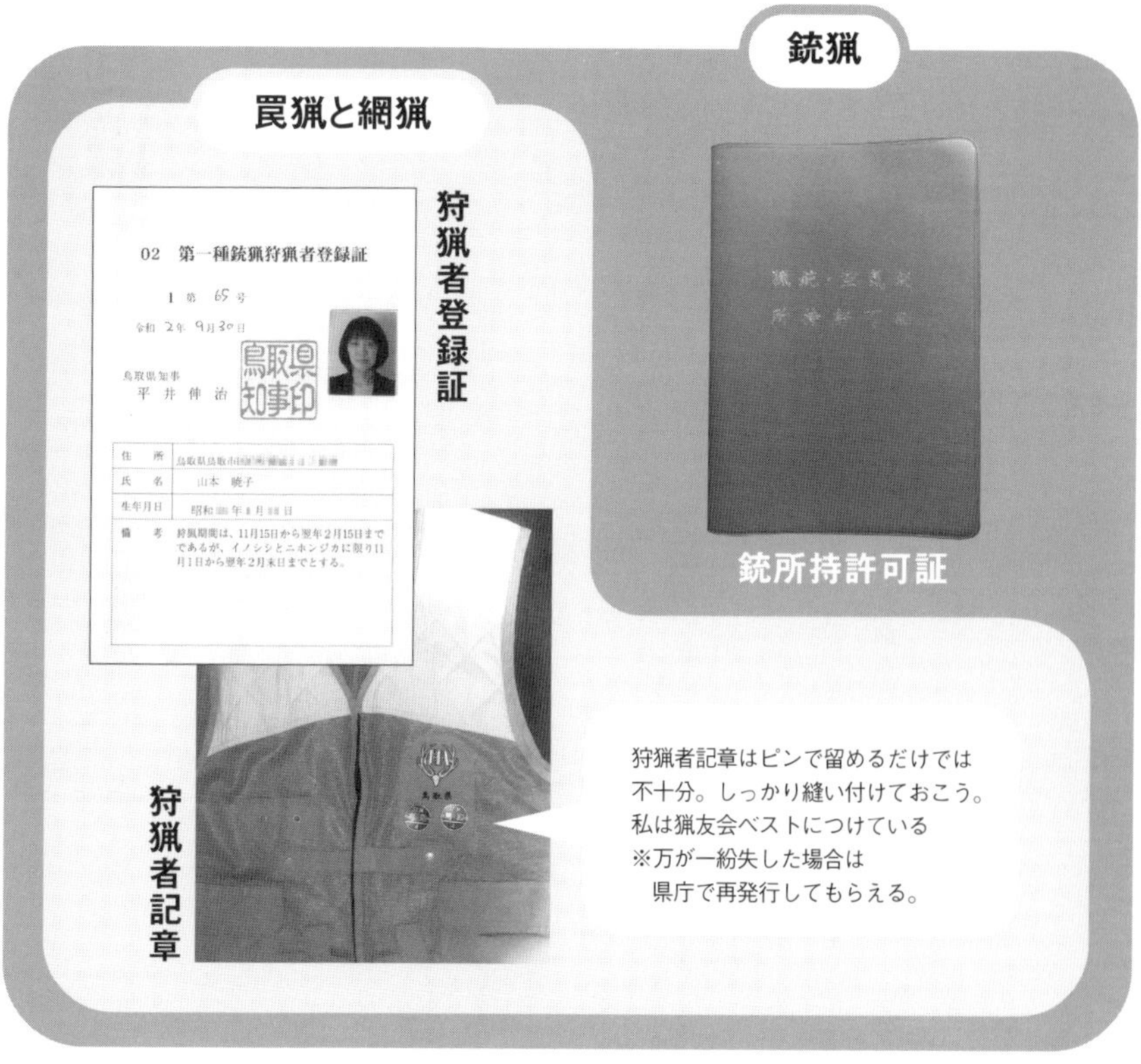

地方での狩猟仲間・師匠の見つけ方

自分から積極的に探せば仲間は必ず見つかる

繰り返しになるが、狩猟免許に合格し狩猟者登録して猟期を迎えたものの、訓練や実習もなしでいきなり現場に立つのが不安で、「なかなか現場に立つ勇気が出ない」「猟をはじめるタイミングがつかめず狩猟をやめた」という人はかなりいる。獣害問題が深刻な地方では行政もこれを問題視していて、自治体主導でセミナーやワークショップ、狩猟スクールを開催していることも多い。

鳥取県の場合は狩猟免許を取得した人を対象に、毎年「ハンター養成スクール」を開催しているし、「ベテラン指導者紹介事業」といって猟友会のベテラン猟師から2日間マンツーマンで指導を受けられる制度もある。私はハンタースクールに参加したのだが、ここで仲よくなった同期の人は、いまでは大切な狩猟仲間となっている。こうしたつながりを起点に、さらにSNSを通じてさまざまな若手猟師とのつながりを持つこともできた。

一方、地方の場合は「狩猟するなら猟友会の会員になるのは当然でしょ」という雰囲気があるため、ほとんどの人が猟友会員になっている。組織運営に深くかかわっている人もいれば、所属だけしてひとりを楽しんでいる人もいる。なので、ひとまず猟友会に入っていろいろな人の話を聞き、輪を広げていくきっかけにすればいい。

猟友会は、〇〇県猟友会の××支部の△△分隊というふうに分かれていて、「××支部」単位で射撃大会を開くこともあれば「△△分隊」が自主的に教室を開いていることもある。また、年1回開かれる総会で会員同士の親睦を深めているところも多い。

情報やツテは自分から求める

猟友会については、地域によっては閉鎖的な会があるという話も聞くので、そういう雰囲気を感じた場合は、地元の銃砲店、有害鳥獣駆除に力を入れている市役所や町役場の職員、地域の公民館職員、自治会長さん、JAや農家さん、ジビエ解体所などで情報やツテ

を得て、猟師の横のつながりを広げていくという手もある。また、ジビエ関係のセミナーやフェスティバル、SNSなども情報源となるが、自分から働きかけることがポイントになる。

最初は「浅く広く」でいいと思う。まずはいろいろな人と知り合いになり、その人の話を聞いてみる。経験者の話には、参考になる部分が必ずあると私は考えている。私には特定の師匠がいるわけではないが、先生と呼べる猟師が10人ほどいる。たくさんの先生から教わったおかげで、バランスよくいろんなことを習得できた。

初対面の人にはなかなか話しかけづらいかもしれないが、私だって断られたことが何度もあるし、なぜか嫌われてしまったこともある。あきらめずに教えを乞えば、それに応えてくれる人は必ずいる！

1 猟友会の射撃大会で知り合ったベテラン猟師。信頼している先生のひとり。一緒に山を歩くだけでさまざまなことを学べる。2 最初に罠のかけ方を教えてくれた大ベテラン猟師さん。市役所の職員を通じて知り合った。自宅から車で10分ほどのところに住んでいるので、罠の相談をしに行くことが多い。3 私に初めて止め刺しを見せてくれた地元の大ベテラン猟師と奥さん。猟の後にフラッとここに寄ってコーヒーをごちそうになりながら、地元の昔のことや自然のことなどもいろいろ教えてもらえるので、とても勉強になる。4 一番頼りにしている仲間であると同時に先生でもある地元の猟師仲間。初めてイノシシを捕獲したときはみんなが応援に来てくれた。5 県主催のハンタースクールがはじまりだが、その後、SNSなどを通じて輪が広がっていった女性猟師との飲み会の様子

罠猟よりも銃猟のほうが仲間を見つけやすい

大都市圏での狩猟仲間・師匠の見つけ方

私は東京と大阪に通算18年ほど住んでいたが、狩猟は鳥取に移住してからはじめたので、実際に大都市圏で狩猟を行った経験はない。そこで、大都市近郊に住んでいる人が狩猟仲間や師匠を探す方法について、当該エリアに住んでいるハンター15人ほどに話を聞き、SNSでも意見を集めてみた。

　狩猟の方法としては、あえて仲間を探さず、ずっとひとりで楽しんでいる人もいれば、1章で紹介した千葉県在住の西山さんのようにSNSを通じて積極的に仲間を探した人もいる。東京23区内在住のハンターは猟場となる場所まで距離があるので、千葉県、埼玉県、神奈川県など、都内から日帰りで猟ができる県で狩猟者登録をしているということがわかった。

　少数だが、北海道まで行って狩猟を楽しんでいるという人もいた。現地の猟友会に所属して猟隊を紹介してもらうほか、銃砲店や射撃場、狩猟、ジビエのイベント、ジビエレストランなどで知り合ったルートで、仲間や師匠に巡り合ったという人もいた。

大都市では難しい罠猟

　大都市圏は狩猟人口の比率は低いかもしれないが、絶対数は多い。事実、東京都猟友会に登録している第一種銃猟の人口は、鳥取県猟友会の約4倍もいる。その気になれば、仲間をつくるチャンスが私よりも4倍も多いということになる。

　ただ、これはあくまでも銃猟の話で、罠猟をしている人はとても少なかった。というのも、罠の場合は毎日の見回りが必要なため、何時間もかけて遠方まで見回りにいくのは現実的ではない。大都市圏在住で罠猟をしているのは、猟場となる山がすぐ近くにある環境に住んでいる人が大半だった。

　どうしても罠猟がやりたければ、グループで罠をかけて見回りはメンバーで分担して行う「罠シェア」などに参加するのも一案。狩猟免許を持っていて狩猟者登録をしている人は、止め刺しもできる。

大都市圏在住ハンターに聞いた仲間や師匠を探す方法

- ・猟友会　・射撃場　・銃砲店　・SNS
- ・ジビエや狩猟関係のフェスやワークショップ　・ジビエレストラン
- ・狩猟体験ツアーや研修　・猟場　・狩猟免許試験の会場
- ・狩猟者登録の会場　・アウトドアレジャー仲間　・仕事のつながり

第一種銃猟の猟友会員数 (令和4年3月末現在／日猟会報第48号より)

東京の表参道にできた新しい銃砲店「f-range」は猟銃や空気銃等の販売だけではなく、銃所持許可サポートや射撃大会の主催などのサービスも行っている

「ガチャっ子」と呼ばれる射撃練習会では都市部のハンターもたくさん集まるため、交流の場ともなっている

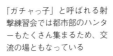

猟師の縄張り

お互いが安全に狩猟をするための知恵

「ここはワシが猟場にしとる山だ。よそ者はここで狩猟するな！」と、特定のエリアを自分の猟場として独占しようとすることを〝縄張り〟という。山も含めてすべての土地に所有者（地権者）がいるので、所有者に「出ていけ」といわれるのなら理解できるが、土地の持ち主でもない人間がそんな主張をするのは、法律的にもおかしな話だ。

このように自分の土地でもないのに、一方的に他者を排除する縄張りには問題があるのだが、狩猟における縄張りは、必ずしも悪いものではない。ハンター同士が効率よく安全に狩猟できるように、あらかじめお互いのテリトリーの住み分けをある程度決めておく。

これが本来の縄張りだからだ。

たとえば、銃を持ったハンターグループが山を囲ってイノシシやシカを捕獲しようとしているところに、何も知らない初心者ハンターが銃を携えてやってきたらどうだろう。いくらお互いに注意をしているからといっても、誤射をしてしまう危険性はグッと高まる。とくに都市近郊の山には、そこを猟場とするたくさんの巻き狩りグループがひしめいている。埼玉県のとある地域では、それぞれの巻き狩りグループのリーダーが、お互いかち合わないよう事前に話し合いをしてうまくシェアしているという話も聞いた。

ちなみに、縄張りの考え方は銃による鳥猟ではあまり聞かない。というのも、鳥はいろんなところに飛んでいくので、猟場を転々とするハンターが多いからだ。猟場も狭いのでほかのハンターが先にいれば、停めてある車で判断がつくため先着を優先する傾向にある。

地元住民や猟師への配慮

私は1年を通して有害鳥獣駆除で捕獲をしているので、縄張りをたくさん持っている。狩猟経験を積んだことで、最近では縄張りを主張する猟師の事情もよくわかるようになってきた。地元に縄張りをもつ猟師として、「よそ者」のハンターに対して私が感じていることが、これから狩猟をはじめる皆さんの猟場探しの参考になればと思う。

私は基本的に、「猟期中であれば、自由に狩猟をすればよい」と思っている。ただ、私が地元の山で罠をかけたりしているときに、近くで発砲音がするとすごく怖いなと思う。流れ弾がこっちに飛んでくる可能性があるからだ。林道沿いには、電話番号などの連絡先を書いた罠の注意喚起用の札をかけてあるので、私が罠をかけている可能性があることは十分想像できるはず。一報してくれればお互い配慮できるし、「この猟場の近くの人は銃の音に敏感なので、法律上問題がなくても発砲はやめておいたほうがいい」といった地元情報も共有できるのに……と思う。

林道や山は一見ほったらかしになっているように思えるが、実は地元の住民や林業の人たちが一生懸命メンテナンスしている。草刈りや水路の掃除、崩れた道路の補修や倒木の撤去……。そんな場所にマナーの悪いハンターたちがゴミや獲物を捨てて帰る、道を荒らす、山菜やキノコを根こそぎ採る、迷惑な場所に駐車するなど、さまざまな問題を起こしている。そのうち地元住民から狩猟禁止するように行政にお願いされないかと、心配だ。

山の自然環境や地元住民の生活、そしてほかの猟師にきちんと配慮して安全に狩猟してくれれば、文句をいう人はほとんどいない。地元の猟場事情をよく知る猟師などに連絡を取って、なるべく情報を共有するようにしたい。

猟場のローカル情報を得る手段

- **地元猟師に連絡する**
  →県の猟友会の代表電話に問い合わせれば支部の連絡先を教えてくれる
- **地元住民に聞く**
  →畑仕事をしている人などに声をかけてみる
- **すれ違ったハンターに声をかけてみる**
- **罠などの標札から連絡する**

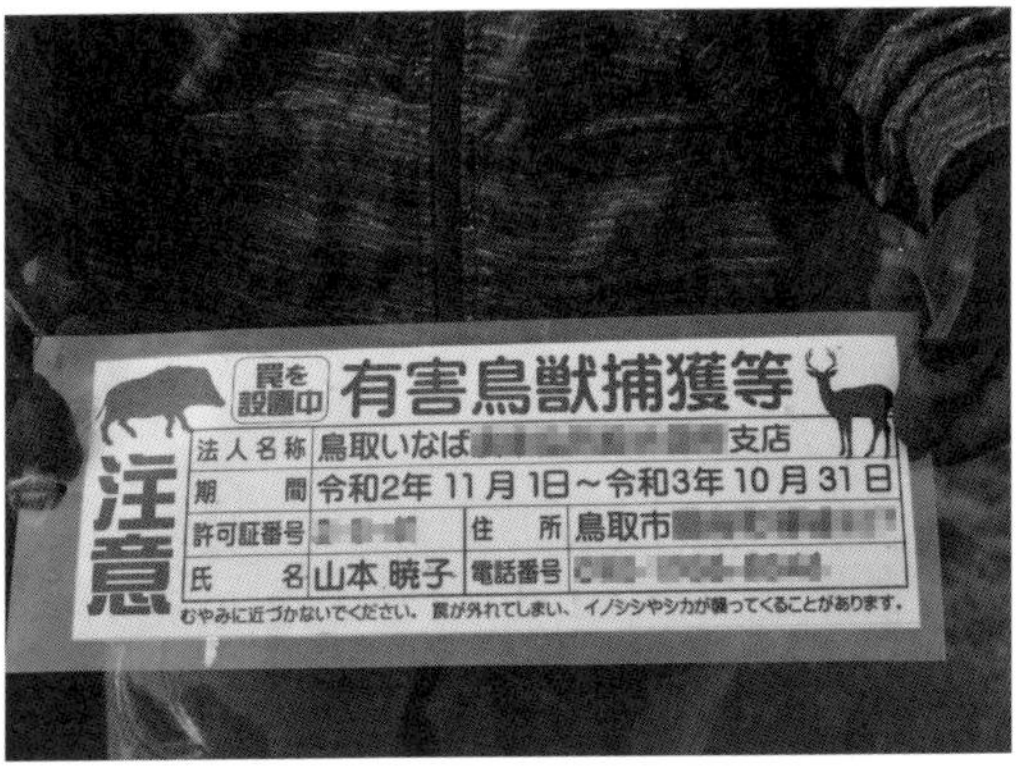

罠の設置を知らせるために、こうした札を掲げて注意を促している

猟場と獲物の探し方

獲物の習性をもとに地図でアタリをつける

では、自分の猟場はどのように探せばいいのかというと、狩猟仲間や師匠を見つけられれば猟場探しはとても楽になる。というのも、その人たちがフィールドにしている猟場にお邪魔させてもらえるからだ。もちろん、先輩や師匠のアドバイスや注意をよく聞くことも忘れずに。

一方、猟場を教えてくれる先輩猟師が見つからなかった人や、気ままにひとりで狩猟をはじめたいという人は、まず〝広い視点〟で猟場の候補となる場所を探すことからはじめよう。役に立つのは、ハンターマップやグーグルマップなどの地図だ。カモであれば池、キジであれば茅場や休耕田、イノシシやシカならエサになる広葉樹の多い山といった具合に、狙う獲物の習性をもとに想像を働かせて、猟場となりそうな場所にアタリをつける。

あとは実際に現地に足を運んで、本当にそこに獲物がいるのかどうか、痕跡をもとに確認するしかない。実際に多くのベテランハンターたちが、自分なりに獲物がいる場所を予想し現地確認するという基本的な作業を積み重ねることで、自分の猟場を見つけているのだ。

農家などからの情報を活用

猟場探しでひとつの狙い目となるのが果樹園だ。ある知人が空気銃を持って歩いていたところ、ヒヨドリの被害に困っている果樹園から声をかけられて、「ヒヨドリを撃ってくれないか」と頼まれたそうだ。知人はヒヨドリ以外にもハトやキジも捕獲して帰ったという。ほかにもイノシシやシカの被害に悩む農家から、敷地内に罠をかけてくれないかと頼まれることもある。

また、地元情報がきっかけで獲物が見つかることもある。毎日土手を散歩している人や通学中の学生、林業関係者などは、その周辺に出没するヌートリアやアナグマ、キツネなどの中型動物をはじめ、キジやカモなどの生息情報をよく知っているので、こうした情報も活用しよう。

猟場と獲物を探すポイント

広い視点で猟場を見つける

エサ場や習性などから予想する

獣類 … 尾根と谷、日当たり、針葉樹 or 広葉樹などの植生（広葉樹林はエサ場となるので獲物が多い。針葉樹林と広葉樹林の境目でよく見かける）、水場、田畑や果樹園などの魅力的なエサ場

鳥類 … 茅場、田んぼ、池、果樹園、ヤマドリは谷間

外部からの情報入手先

地図 ………… 国土地理院の電子国土WEBがおすすめ
人 …………… ベテランハンターを頼る、引退ハンターの話を聞く、住民からの情報
都道府県庁 … 特定鳥獣管理計画に鳥獣のさまざまなデータがある

現地での具体的な見つけ方

エサ場や習性などから予想する

獣類 … 足跡や糞は新しいか、食痕やシカの角研ぎ痕、イノシシの泥こすりの痕、最近歩いた痕跡などをチェック。雪が降っている場合は足跡がはっきりしているのでわかりやすい。犬に頼ったり、人海戦術で追い詰めたりする方法もある

鳥類 … 鳥猟は里山で行うことが多いので、まずは実際に安全に銃が撃てる場所かどうかを確認しながら、エサ場や巣を意識して探す。鳥は猟期中でも気候や時期によって生息場所が変わっていくので、犬に頼る方法もある

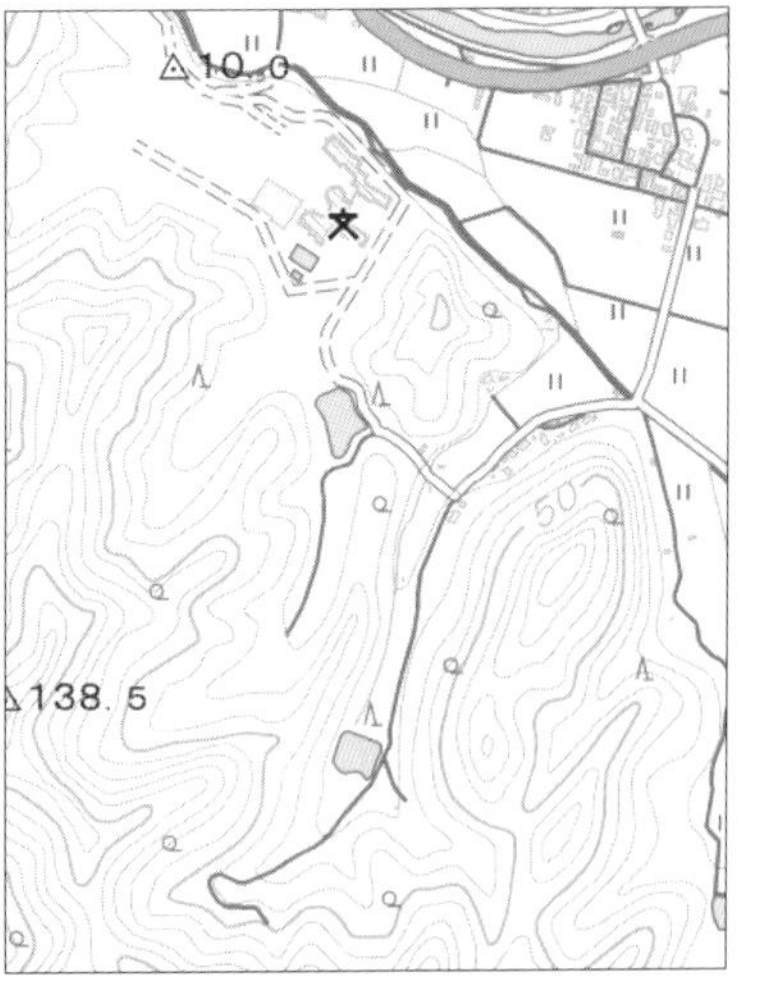

国土地理院の地図には、一般の道路地図に載っていない林道が記載されていることが多いので便利。集落から延びる道路の奥に作業道があり、広葉樹に囲まれた池までアクセスできることがわかる
（国土地理院地図（電子国土WEB）を加工して作成）

◆私の猟場探し◆

山で見つけた獲物の痕跡をGPSマップに登録

流し猟、忍び猟、一銃一狗、巻き狩りなど、あらゆる猟法に興味があり、実際に実践している私にとって、獲物がいるかどうかの下調べと準備は、「なんでもアリ」が基本だ。

私は年間を通して有害鳥獣駆除活動を行っているので、猟期外でもほぼ毎日罠をかけに山へ行く。獲物がかからなかった日などは、その流れで犬と一緒に山菜などを採りながらぶらぶらすることもあるので、そこで見つけた動物の足跡、シカやイノシシのヌタ場（泥浴び場）や寝屋（寝床）の情報をスマホのGPSマップに登録し、次の猟場候補のデータとして活用している。

市街地を車で走っているときも、途中で茅場や果樹園が目にとまったら、気をつけて観察するようにしている。すると、実はいろんなところに狩猟鳥獣がいることに気づく。

こういった情報を日々蓄積しておき、猟期中の猟場候補として覚えておくといい。また、グーグルマップの航空写真を見て、猟場を探すこともある。意外な場所に池があるのを見つけると、「カモが来るかな？　銃で撃てる場所かな？」と想像が広がり、そこから実際の下調べに入っていくことも多い。

役に立つ先輩猟師の教え

下調べした情報をもとに、実際に候補地に行ってみることもある。とくにイノシシやシカは、山に入る前に新しい痕跡がないかを必ず確認する（これを「見切り」という）。ここで頼りになるのが、地域住民の目撃情報。「夕方イノシシがあっちに走っていくのを見た」「今朝、池にカモがいた」といった情報はとても役に立った。

しかし、初心者のころに最も役立ったのは、先輩猟師の教えだった。彼らが蓄積してきた経験と知識は、とにかく膨大。どこに獲物がいる可能性があって、現れたらどんな行動をとるのかという実践に裏づけられた具体的な話は、説得力がある。安心して猟をするという意味でも、やはり先輩猟師の話ほど役立つものはない。

根雪が残る３月に見つけたシカの寝屋。広葉樹が広がる山の尾根を少し下った南側の斜面に多い。次の猟期中にこのあたりでシカを捕獲した

河川と休耕田の間の農道を横切るキジ。猟期中のドライブで見つけた。車を停めてあとをついていったら、休耕田の藪へ飛んで行った

足跡は重要。この猟場にはクマ（上）とシカ（下）がいることがわかる

シカがこっちを見つめている。このように早朝に軽トラで林道を走ると野生動物に出合うことも多い

あいさつをしたらカモの情報を教えてくれたおばあさん。「毎朝７時くらいにマガモがいるから、もっと早く来なさい」とアドバイスまでくれた

葉っぱの泥の付き具合から、ヌタ場で泥をつけたイノシシが写真の上方向から下方向へ歩いたことがわかる

事前に回収計画を立てて道具もそろえておく

獲物を仕留めたまではよかったが、そこから途方に暮れる新人ハンターは少なくない。というのも、現場では想定外のことが起こるため、撃ったイノシシやシカが谷に落ちてしまうことも あれば、仕留めたカモが池の真ん中に落ちて回収できなくなることもある。

しかし、捕獲した鳥獣をその場に放置するのは不法投棄になってしまうことを知っておこう。回収するか、適切に埋設処理するのが基本。地形的にどうしても回収が困難で、かつ生態系に大きな影響を与えない方法で埋めることが困難な場合などは放置が許されはする。しかし、あらかじめ回収方法を考えておき、現場対応するための道具もそろえて責任を持って処理すべきだ。

その場で解体することもある

鳥類で回収に困るパターンは、池に落ちてしまうケースと、藪のどこに落ちたかわからなくなるケースのふたつ。犬に回収してもらうのが一番楽だが、みんなが犬を飼っているわけではない。釣り竿を改良したものを使って引っかける方法や、ラジコンのカモキャッチャーを利用する人も多い。藪の中から探し出すにはとにかく歩き回るしかないが、なかにはサーモグラフィーを使って探すという人もいる。手を尽くしても発見できない場合は、違反にはならないので心配はいらない。

獣類で困るのが、大型獣の回収だ。銃猟では山奥で捕獲するパターンがほとんどなので、獲物を長い距離引きずって回収する猛者もいる。もし全回収するのが現実的でなければ、その場で大まかに解体し、枝肉の状態でリュックに詰めて持ち帰るハンターも多い。このとき内臓などの残滓《ざんし》は、スコップで地面を深く掘って埋設処理する。

車で運搬する際は獲物から出る血液を流出させないように、厚手の大きなビニール袋に包むかトロ船という樹脂製の箱に入れて運ぶといい。ダニ対策としてなるべく軽トラやヒッチキャリアを使い、獲物が見えないようシートを被せるなどの配慮をしよう。

トロ船ごと荷台に乗せる方法

①トロ船の上辺を軽トラの荷台にかけたまま獲物を載せる

②トロ船の下辺側を持ち上げて荷台にそのまま押し込む

ソリなどに載せて運ぶと楽に運搬できる

軽トラに装着した電動で巻き上げるウインチと軽量アルミラダーを使い、荷台に獲物を引っ張り上げる。非力な私の強い味方だ

獲物が谷底などに落ちてしまった場合は、滑車とロープを使ってトラックで引き上げる方法もある

枝肉をビニールなどで包み、背負子を使って持ち帰る人もいる

現場で解体して肉だけ持ち帰る。内臓などは穴を深く掘って埋設処理する

自治体によって異なる残滓《ざんし》の処理ルール

仕留めた獲物を回収、運搬した後は解体作業となるが、解体作業については9章で詳しく説明することにして、ここでは解体の際に生じる残滓《ざんし》をどう処理すればいいのかについて、少し解説しておきたい。

個人で獲物を解体する場合、獲物のすべてを活用するには限界がある。内臓、皮、足の先、頭、骨、固形化した血の塊など、どうしても廃棄せざるをえないものが多く残る。これらを総称して残滓という。

私が初めてシカの解体をしたときに、とても困ったのがこの残滓。少しの量なら生ゴミで出すという選択肢もあるだろうが、残滓の量は想像以上に多い。どう処理すればよいかわからなかったため、同じ集落の引退した猟師に相談し、山の中の私有地に1時間かけて深さ1mほどの穴を掘って埋設処理した。

ところが翌日、それをクマが掘り返して食べ、その残りにカラスやトンビが群がって大変なことになった。1mも掘って埋めたはずなのに、そのニオイを嗅ぎつけるクマの嗅覚に驚くと同時に、ため息が出たのを覚えている。集落から離れた自分の土地だったからよかったものの、あたりはひどいニオイが漂っていた。

このように山間部では動物の死骸や残滓が、クマを誘引する原因となってしまうこともある。悪臭だけでなく、近くに水源などがあると衛生上の問題にもなりかねないので、十分に気をつけて処理してほしい。

自治体に処理方法を確認しよう

残滓をクマに食べられたショックから、自分で残滓の処理方法を調べてみた。すると意外なことに、解決策はすぐ見つかった。役所に問い合わせたところ、私が住む鳥取市の場合、ビニール袋などに包んでごみ処理施設に直接持ち込めばいいとのこと。また、小鳥や小動物は可燃ごみとして出すこともできると知った。

残滓や動物の死体の処理方法は、市町村によってガイドラインが定められており、対応方法が異なる。自分が住んでいる自治体の役所の窓口に問い合わせて、正しい処理方法を確認しよう。

私の友人は残滓をニワトリのエサにしたり、コンポストなどを利用して畑の肥料に活用したりしている。敷地内では元気よく歩き回るニワトリが卵を産んでいたし、畑には立派な作物が実っていて、これが本来のあるべき循環型社会の姿なのかと感心した。

また、罠猟で同じタイミングでたくさんのシカを捕獲できてしまったときは、地元の食肉解体処理施設がジビエ用やペットフード用として引き取ってくれる場合もある。ただ、こうした処理施設にはそれぞれガイドラインがあるため、いきなり持ち込んでも対応できないことが多い。搬入したい場合はどうすればいいのか、事前に確かめておくといいだろう。

鳥取市の減容化施設。ここでいう減容化とは微生物などで分解して土に戻すことで、このような取り組みは全国各地で行われている

残滓を庭の鍋で煮て、ニワトリに与えている。残った骨は焼いて骨粉にして畑に撒いて肥料にするそうだ

私がお世話になっている鳥取県のジビエ解体処理施設。止め刺しする前に事前に電話をして、受け入れの相談をしている

イノシシの残滓を肥料化した土は栄養豊富でふかふか。なんの手入れもしていないのに立派なカボチャが育っている

錯誤捕獲したら

危険が伴うクマやニホンカモシカの放獣

捕獲対象以外の鳥獣を意図せず捕獲してしまうことを「錯誤捕獲《さくごほかく》」という。錯誤捕獲が起こりやすいのは罠猟で、獲物を目視で確認する銃猟では起こることは滅多にない。

万が一、錯誤捕獲をしてしまったら速やかに解放（放獣）しなければならないが、これがかなり大変だ。小中型獣を箱罠で錯誤捕獲してしまった場合は、扉を開けておくだけで解決するが、くくり罠の場合は噛みつかれる恐れがある。小型の刺股《さすまた》などで首元を保定してくくり罠を外すといい。

厄介なのが、ニホンカモシカ（以下カモシカ）とツキノワグマの錯誤捕獲だ。クマは狩猟鳥獣だが、罠での捕獲

ニホンカモシカの特徴

シカと違って群れはつくらず単独行動するが、子育て期は親子でいることがある。オスは繁殖期には攻撃的になる。足跡や糞はシカに非常に似ているが、カモシカは同じところに糞をする習性がある。

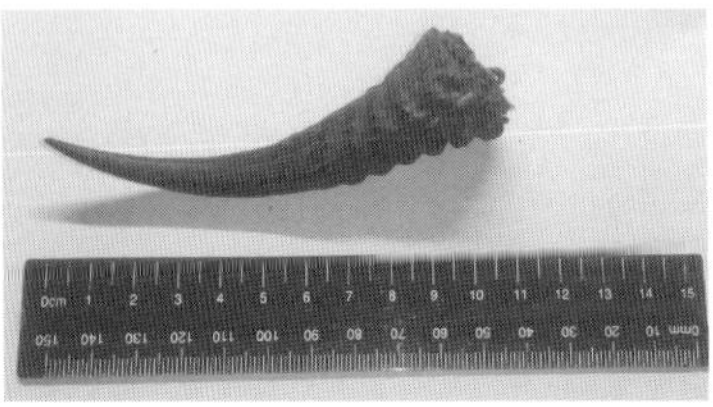

頭の左右に1本ずつ生えた角の長さは12～15cm。メスにも角がある。シカのように角が枝分かれしていないので、全部の力がそのまま直接加わり、深く刺さりやすい形状をしている

岐阜県ニホンカモシカ研究会とROOTSが連携して作成したマニュアルで、放獣の手順がわかりやすく説明されている

が禁止されているため錯誤捕獲となる。カモシカは国の特別天然記念物であり、罠の見回りを怠って衰弱・死亡させた場合は、処罰の対象となることも。

もし罠にかかっていてもけっして慌ててはいけない。カモシカの角はとても危険で、放獣しようとして太ももを突かれたハンターが出血性ショックで亡くなる事故も起きている。ツキノワグマはさらに危険だ。罠にかかっているのを発見したら、速やかにその場を立ち去ろう。くくり罠のワイヤーが切れる可能性もあるし、子どもが罠にかかっている場合は、母グマが近くにいる可能性が非常に高い。車内などの安全なところまで退避したら、各都道府県のマニュアルに従って報告をしよう。

カモシカはスネアを使って保定し、くくり罠を外す方法があるが、必ず2人以上で行ってほしい。ツキノワグマの場合、鳥取県ではまず各市町村役場に連絡し、その後、放獣を専門とする機関の担当者が麻酔銃で動けなくして罠から解放、住民などに危険性が及ばない場所で放獣となる。私の地域でもツキノワグマの錯誤捕獲が起こったことがあり、間近で見たが本当に怖かった。やはり錯誤捕獲が起きないように、罠のサイズなどのルールを守ることが大切だと感じた。

くくり罠によって錯誤捕獲されたツキノワグマ。田畑のすぐ近くで捕獲された

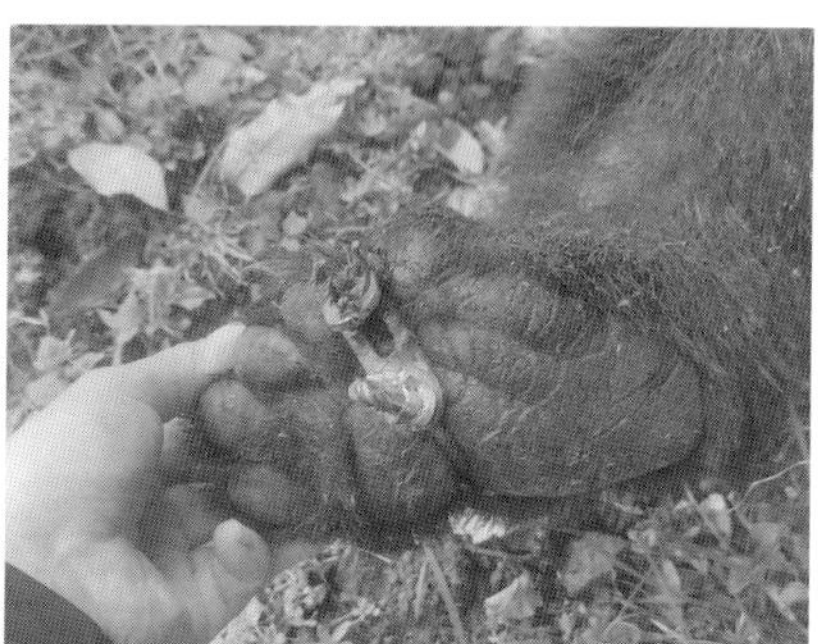
足先にくくり罠がかかってしまった。直径が小さいくくり罠であってもこのようにくくってしまうので、油断はできない

ツキノワグマが噛み倒した木。幹の太さは直径20㎝以上ある

有害鳥獣捕獲

市町村によって駆除のやり方に差がある

「有害鳥獣捕獲」は農林水産業や生活環境への被害防止目的で特別に与えられる許可であり、趣味が目的の「狩猟」とは根本的な違いがあると4章で説明した。原則として有害鳥獣捕獲を行うには、必要な狩猟免許を所持していることが前提となっている。これは全国共通だが、ここから先は市町村によって仕組みが違うため、「各市町村役場に行って許可を申請してください」としか説明できない。

　このように自治体によって仕組みが違うのは、多くの都道府県の知事が各市町村長に有害鳥獣捕獲の許可を出す権限を委譲しているというのが、大きな理由になっている。つまり、各市町村では都道府県の計画をベースに、それぞれの地域に合った捕獲計画を立てることになるため、その計画（政策）によって有害鳥獣捕獲許可を取るための資格も変わってくるというわけだ。

「有害鳥獣駆除は特定の条件を満たす猟友会員しかできない。新人には無理」という話を聞いたことがあるかもしれないが、残念ながらこういうルールがある地域は多い。ただ、それがその地域の計画だとしたら、特定の猟友会員が意図的に新人を排除しているなどと一概には決めつけられない。

　もう少し具体的に説明すると、たとえば、あなたがA町の○○地域でイノイシの被害に困っていて、駆除によってその数を減らしたいと考えているとする。しかし、A町が「地元の猟友会員で4年以上の狩猟経験者のみで結成する法人に、A町全体の捕獲を一任する」という政策をとっている場合、あなたが許可を得られる可能性は低い。

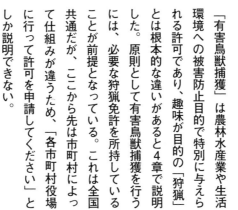

　一方、「狩猟者登録をした人であれば被害を防止したい個人に原則許可を出す」という政策の自治体であれば、あなたには「B町の××地域でイノシシを10頭捕獲する許可を与えます」といった許可が下りる可能性は高い。

　A町の政策はおかしいと思う人もいるかもしれないが、「町民の安全のため狩猟経験が浅い人に特別許可は与えられない」という考え方は、けっして間違いではない。

特別な捕獲許可が下りることも

有害鳥獣捕獲では、狩猟では違反となることが特別に許可されることも多い。たとえば、狩猟では罠によるツキノワグマの捕獲は禁止だが、住民を襲うなどの被害を防ぐために特別に箱罠での捕獲許可が下りることがあるし、被害防止のために非狩猟鳥獣のサルへの銃による捕獲の許可が下りることもある。特定猟具（銃）使用禁止区域であっても、イノシシやシカに限って銃の使用許可が特別に下りることもある。

これらの特別許可は通年で下りることがあり、猟期中も特別許可で捕獲していることがある。「先輩ハンターが猟期中にやっているから自分も大丈夫」と、勘違いによって違反してしまう新人がいるので、十分注意してほしい。

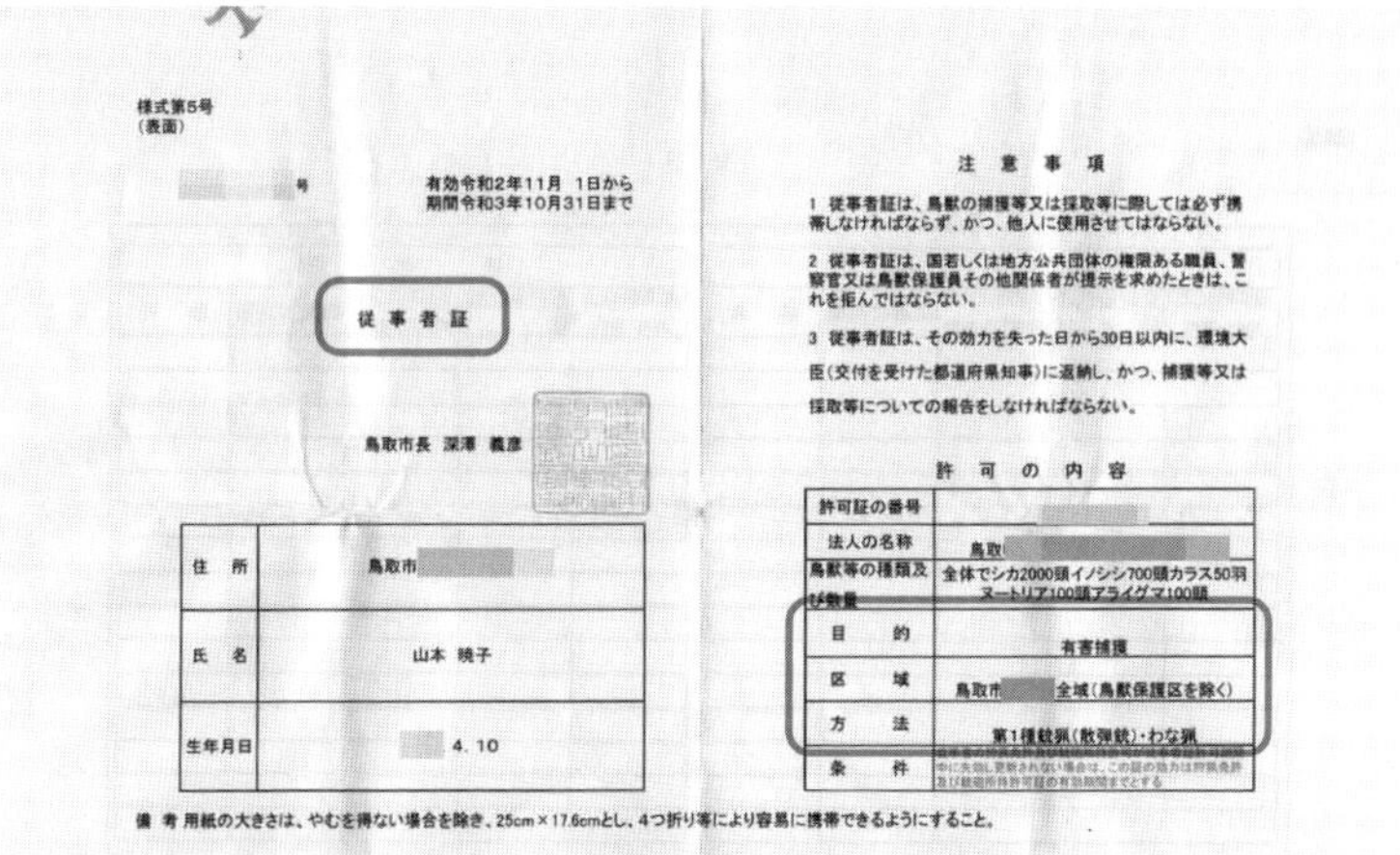
様式第5号
（表面）

[illegible]号　　有効令和2年11月　1日から
期間令和3年10月31日まで

従事者証

鳥取市長　深澤　義彦

住　所	鳥取市[illegible]
氏　名	山本　暁子
生年月日	[illegible]4．10

備　考 用紙の大きさは、やむを得ない場合を除き、25cm×17.6cmとし、4つ折り等により容易に携帯できるようにすること。

注　意　事　項

1　従事者証は、鳥獣の捕獲等又は採取等に際しては必ず携帯しなければならず、かつ、他人に使用させてはならない。

2　従事者証は、国若しくは地方公共団体の権限ある職員、警察官又は鳥獣保護員その他関係者が提示を求めたときは、これを拒んではならない。

3　従事者証は、その効力を失った日から30日以内に、環境大臣（交付を受けた都道府県知事）に返納し、かつ、捕獲等又は採取等についての報告をしなければならない。

許　可　の　内　容

許可証の番号	[illegible]
法人の名称	鳥取[illegible]
鳥獣等の種類及び数量	全体でシカ2000頭イノシシ700頭カラス50羽ヌートリア100頭アライグマ100頭
目　的	有害捕獲
区　域	鳥取市[illegible]全域（鳥獣保護区を除く）
方　法	第1種銃猟（散弾銃）・わな猟
条　件	[illegible]中に失効し更新されない場合は、この証の効力は狩猟免許及び銃砲所持許可証の有効期間までとする

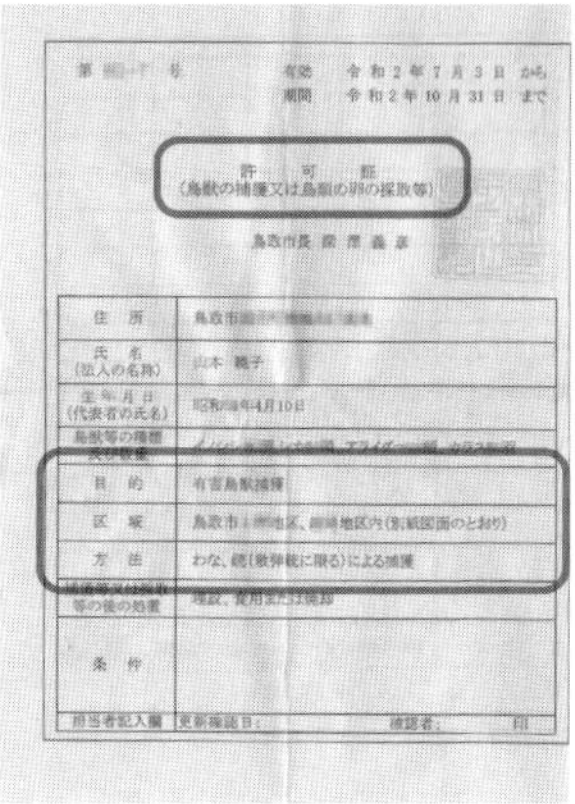
第[illegible]号　　有効　令和2年7月3日から
期間　令和2年10月31日まで

許　可　証
（鳥獣の捕獲又は鳥類の卵の採取等）

鳥取市長　深澤義彦

住　所	鳥取市[illegible]
氏　名（法人の名称）	山本　暁子
生年月日（代表者の氏名）	昭和[illegible]年4月10日
鳥獣等の種類及び数量	[illegible]
目　的	有害鳥獣捕獲
区　域	鳥取市[illegible]地区、[illegible]地区内（別紙図面のとおり）
方　法	わな、銃（散弾銃に限る）による捕獲
捕獲等又は採取等の後の処置	埋設、焼却又は[illegible]
条　件	
担当者記入欄	更新確認日：　　確認者：　　印

猟友会の会員によって組織される法人のメンバーに渡される「従事者証」。区域も「鳥取市○○町全域」となっている

どちらも鳥取市長の有害鳥獣駆除許可証だが、内容が異なる

個人に地域限定で出される「許可証」。狩猟禁止区域だが、「○○地域内」限定で「わな、銃（散弾銃に限る）による捕獲」の許可が下りている

Column 08

個性豊かな動物たちの話

「あ、キジバトだ」飛んでいく姿を目で追っていると、突然「パキッ、ボサ」という音をたててそのキジバトが落ちてきた。しばらくフラついたあと、羽根音を立てて逃げて行った。飛行中に木にぶつかって気絶してしまったのだ。自然界にもこんな残念なハトがいるのだなと、思わず笑ってしまった。

イノシシはよく見ると、表情がとても個性豊かだ。人と同じようにそれぞれ顔も違うし、食性にも好き嫌いがある。イノシシが3頭箱罠にかかったので、たまたま持っていたラムネ菓子を投げ入れてみた。1頭がパクッと食べたのだが「なにこの味!?」といった表情でペッと吐き出してしまった。「も～もったいない、私が食べるわ」といって別のイノシシがそれを拾い食いする。そんななか、残りの1頭はエサには興味を示さず私を威嚇し続けていた。兄弟のはずだが、こんなにも性格が違うのかと驚いた。

狩猟を続けていて思うのは、野生動物には共通する〝自然界の掟〟のようなものがあるということだ。それは弱いものから先に淘汰されていくという現実だ。まさに弱肉強食、適者生存といった言葉の意味がピンとくることも多い。余談だが、小柄な私は自然界ではきっと弱い存在に見えるのだろう。大柄な男性と一緒にいると、イノシシの攻撃対象になるのはいつも決まって私だ。もしかすると私が最も緊張しているのがバレているのかもしれない。

過酷な自然界にあって個性豊かな姿を見せる動物たちに、親近感が増していく今日この頃である。

箱罠にかかった3頭のイノシシ。似たように見えても性格は違うようだ

野生動物に共通する自然界の掟が弱肉強食

Chapter

09

獲物を解体して活用しよう

自分で仕留めたイノシシやシカ、そして鳥類を解体して、いろいろなジビエ料理やクラフトを楽しんでみよう。これこそがハンターに許された楽しみなのだから。

Enjoy gibier & crafting !

解体の基礎知識

ジビエ肉の自家消費では、食中毒に注意する

最近「ジビエ利活用」という言葉をよく聞くと思う。これは有害鳥獣駆除などで捕獲した、イノシシやシカをジビエとして有効活用しようという試みだ。私が狩猟をはじめたころは、捕獲数全体の1割弱しかジビエに利用されていなかったため、「もったいない！こんなにおいしいのに！」と単純に思っていたが、そこにはそうそう簡単にはいかない理由があった。

衛生的な環境で食肉として処理される家畜と違い、ジビエ肉の安全性や衛生状態は担保されていないため、食用として販売するジビエ肉の食肉処理施設には、食品衛生法で定められている「食肉処理業」と「食肉販売業」の許可が必要になる。

ただし、これはあくまでも「販売」が前提で、自家消費のために解体するのに法律の縛りはない。もちろん、獲れた肉を無償でおすそ分けするのも問題ないのだが、気をつけなければならないのが食中毒。生食はせずに、必ず加熱処理して食べること。新鮮だからとシカの肝臓を生で食べる地域もあるそうだが、生で食べるとE型肝炎ウイルス、カンピロバクター、腸管出血性大腸菌といった細菌のほか、寄生虫による食中毒を起こす危険性がある。

農林水産省が推奨するジビエ肉の加熱処理は、「中心温度が75℃で1分間」もしくは「これと同等の温度と時間」となっている。細菌や寄生虫は加熱処理ですべて失活するからだ。

また、病気の可能性がある個体は、解体しないほうがいい。別の鳥獣に感染が広がる可能性もある。病気かどうかは、捕獲前後の確認と解体中の確認で判断する。まず、可能であれば捕獲前に獲物の行動に異常な点がないか確認する。捕獲後は獲物をよく調べて、一般的な個体と比べて異常な部分がないか確認。さらに、解体中は肝臓、心臓、腎臓などの内臓も切断して異常がないかきちんと確認しよう。外見に異常がなくとも、内臓に疾患がある個体がたまにある。異常があった場合は残念だが廃棄すべきだ。

必要な加熱温度と加熱時間の相関関係

殺菌の基準は「75℃で1分間」の加熱。おいしく安全な加熱には時間と温度の相関関係があるので、調理の際の参考にしてほしい。表面の温度ではなく、内部の温度であることに注意。

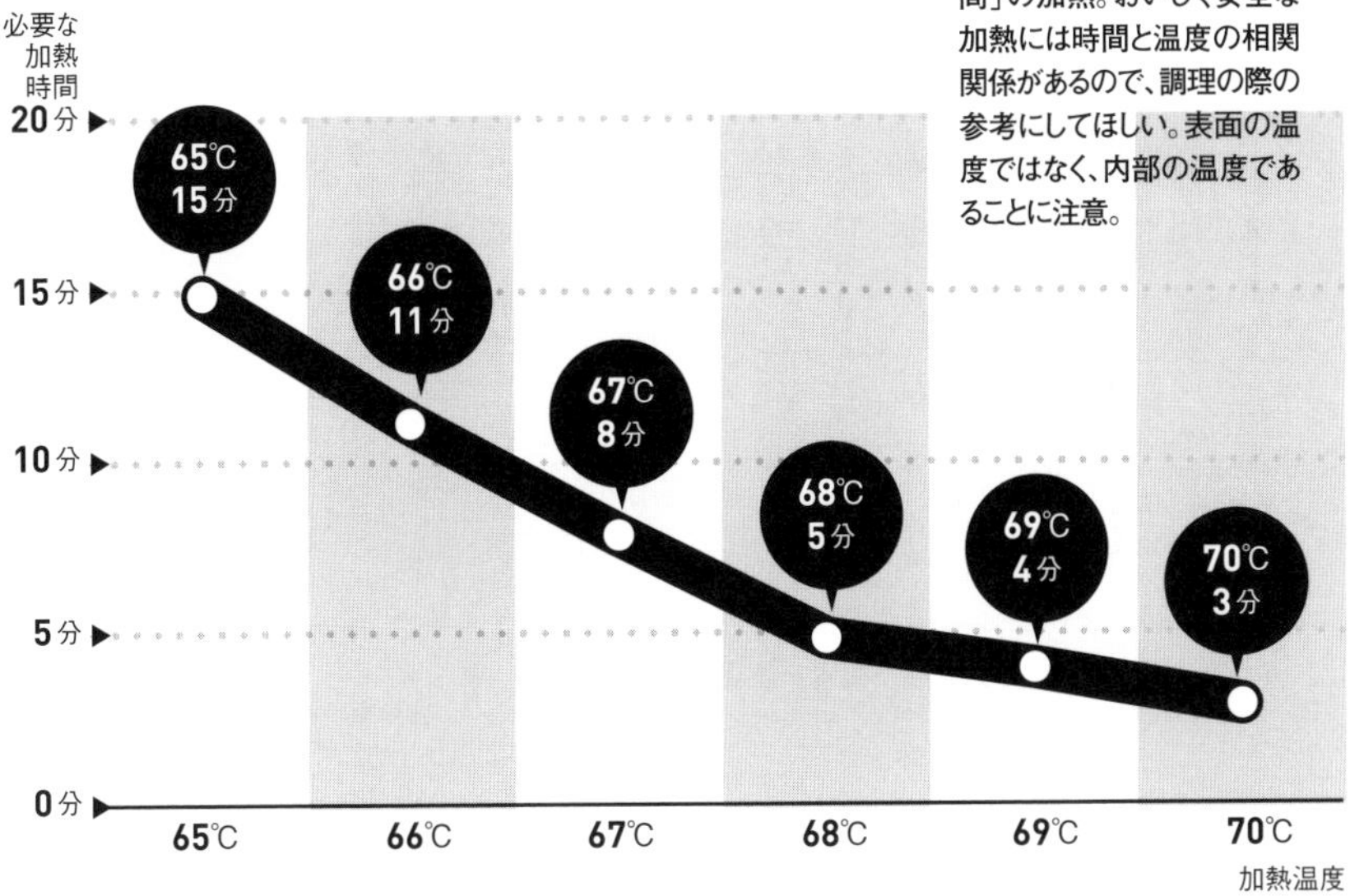

（農林水産省『ジビエ利活用に関する資料』より抜粋）

疾病の可能性がある個体の見分け方

捕獲前に確認できること

・足取りがおぼつかないもの
・神経症状を呈し、挙動に異常があるもの

捕獲後に外部観察で確認できること

・顔面その他に異常な形（奇形・腫瘤など）を有するもの
・ダニ類などの外部寄生虫の寄生が著しいもの
・脱毛が著しいもの
・痩せている度合いが著しいもの
・大きな外傷が見られるもの
・皮下に膿を含むできもの（膿瘍）が多くの部位で見られるもの
・口腔、口唇、舌、乳房、ひづめなどに水ぶくれ（水疱）やただれ（びらん、潰瘍）などが多く見られるもの
・下痢を呈し尻周辺が著しく汚れているもの
・その他、外見上明らかな異常が見られるもの

厚生労働省の「カラーアトラス」も参考になる！

（厚生労働省『野生鳥獣肉の衛生管理に関する指針（ガイドライン）』より抜粋）

感染症対策

ダニなどによる感染症に気をつけよう

動物由来で起こる感染症（ズーノーシス）にはさまざまなものがあり、ペットが媒介することもあるのでご存じの人も多いのではないだろうか。

たとえば、エキノコックスはキツネや野犬を媒介して起こる感染症だが、北海道と愛知県で確認されている。また、ウイルスを保有しているマダニに咬まれることで感染するＳＦＴＳ（重症熱性血小板減少症候群）は、キャンプや農作業などの野外活動でもかかる感染症で、狩猟の際は肌の露出が少ない明るい色の服を着る、虫除け剤を使うといった自己防衛が重要になる。

解体作業中は屠体との接触回数が多くなるので、とくに気をつけなければ

野生動物に由来するおもな感染症

対象動物	病名
シカ	重症熱性血小板減少症候群（SFTS）、日本紅斑熱、E型肝炎、結核（牛型）、腸管出血性大腸菌感染症、トキソプラズマ症
イノシシ	SFTS、E型肝炎、豚熱（CSF）、アフリカ豚熱（ASF）、豚丹毒（類丹毒）、トリヒナ（旋毛虫）症、ウェステルマン肺吸虫
サル	Bウイルス病、結核（人型）、細菌性赤痢
キツネ	狂犬病、エキノコックス（包虫）症、トリヒナ（旋毛虫）症
アライグマ	狂犬病、SFTS、回虫症（幼虫移行症）、トリヒナ（旋毛虫）症
ネズミやウサギなどの齧歯類	腎症候性出血熱（HFRS）、野兎病、レプトスピラ症、ライム病、日本紅斑熱、ウェステルマン肺吸虫
鳥類	高病原性鳥インフルエンザ、ウエストナイル熱、ダニ媒介性脳炎、ライム病、オウム病、クリプトコックス症

※厚生労働省健康局結核感染症課『動物由来感染症ハンドブック2020』などより作成
※記載されている感染症のうち、野生動物（魚類、爬虫類を除く）が対象となっている感染症、日本では病原体が未発見もしくは長期間発見されていない感染症および患者発生が未報告の感染症を除いた（環境省『野生鳥獣に由来する感染症対策に関する状況』より） https://www.env.go.jp/content/900516277.pdf

ならない。油断していると死んだ動物から乗り移ってきたダニが、知らないうちに袖口から侵入してくることがある。ダニが付着しにくいナイロン素材の長袖と長ズボン、長靴、使い捨てのニトリル手袋、そしてマスクも着用しよう。それでも気になる人はアームカバーの装着や、袖口と手袋のすき間ができないよう養生テープで止めるほか、ナイフで手を切ったときに傷口から感染するのを防ぐために、防刃手袋をニトリル手袋の中に着用するのも有効だ。

　私は幸いにも解体時のダニの被害はまだないが、狩猟中や獲物の搬送中に3回ほど咬まれたことがあるし、気づいたらダニが体を這っていたということは数えきれない。家に入る前に上着類を脱ぎ、帰宅後はお風呂場へ直行して湯船に浸かり、ボディーチェックするのがダニ対策のルーティン。できる限り、狩猟で着た上着はほかの衣類と一緒に洗わないほうがいい。

　万が一、発熱などの症状が出るなど、体調に異変があった場合は、すぐに病院へ行こう。医師に野生鳥獣を解体したことも伝えると対処が早くなる。

私が動物を解体するときの服装

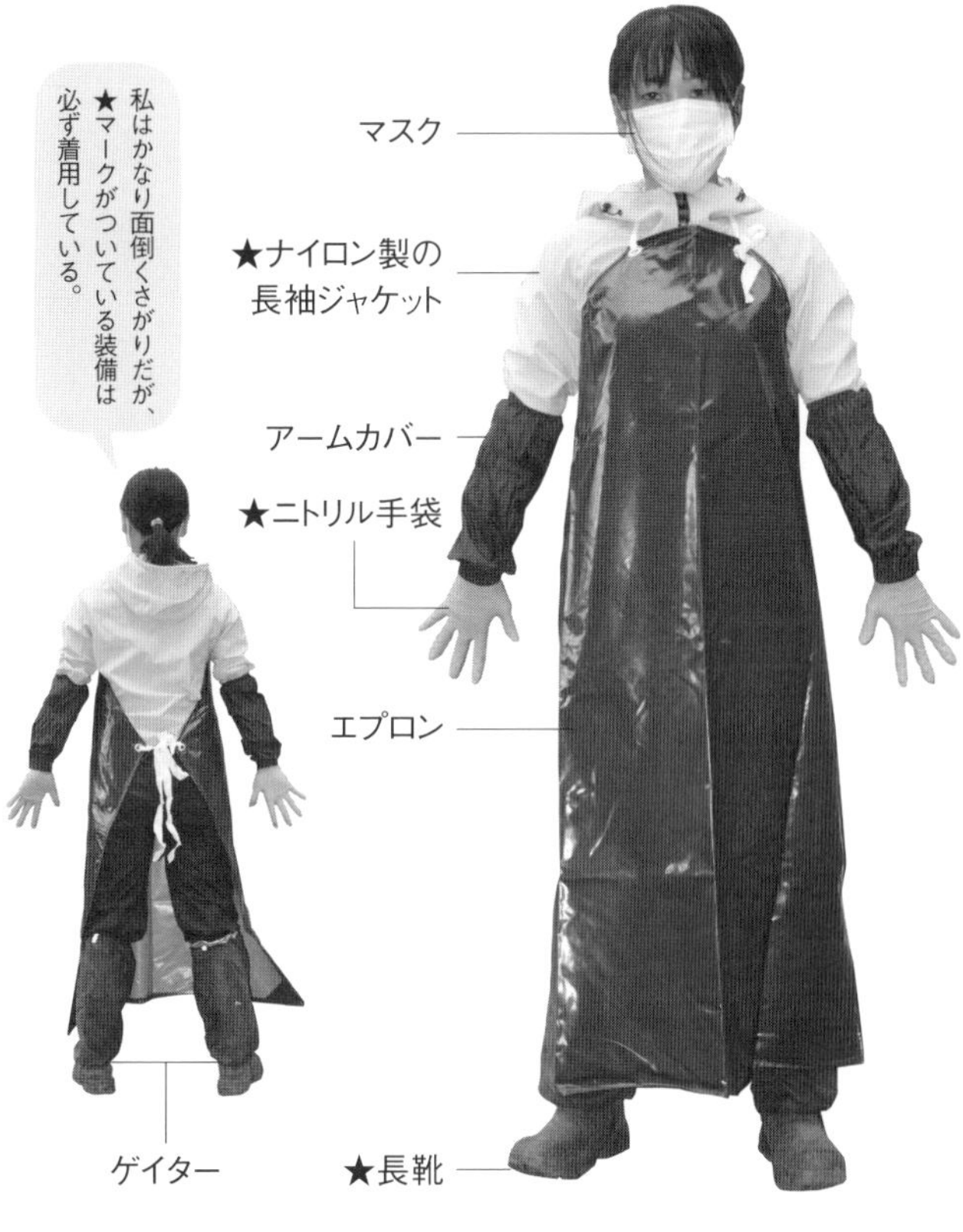

虫除けスプレー

マダニなどの忌避剤として認可されているのはディートとイカリジン。夏場は濃度が高めのものが市販されている。濃度が高いほど効果持続時間が長いとされている

獣類の解体① 道具

清潔なジビエを得るには準備と道具が大切

初心者にとって、シカやイノシシの解体はかなり難易度が高い。同じ魚でもタイやハマチなら家でもなんとか捌くことができるが、大きなマグロは裏返すだけでもひと苦労。サイズが大きいというだけで、いろいろなことがうまくいかなくなるものなのだ。

しかも、シカやイノシシには4本の足と重たい頭もついているので、体が安定しないし運びづらい。解体するために木に吊るそうとしても、道具がないととても持ち上げられない。

ご多分に漏れず、私の最初の解体もうまくいかなかった。「キレイに内臓を除いて、皮を剥いで、食べられそうな肉をブロックで切り落とせばいい。なんとかなるだろう」とブルーシートと出刃包丁、水を張ったバケツ、肉を入れる大きなバットとビニール袋を用意して、ほぼ無計画に解体に挑んだ。

庭の地面にブルーシートを敷き、その上で内臓を出して皮剥ぎをすることにした。片手でシカを仰向けの状態にし、もう一方の手で包丁を使って腹を開いて、内臓を取り出そうとした。しかし、シカの体の向きを変えるだけでひと苦労。腹を開くときに誤って内臓まで切ってしまい、胃や腸の内容物（激臭！）が出てきてしまった。

無理に腹を上にしようとすると、足がどちらかに倒れてなかなか安定しない。思わぬ方向にシカがごろんと転んでしまい、ブルーシートの上でシカの体表がどんどん汚れていく。なにもかもがうまくいかないし、体力も削られていくため、時間もかかるし作業が雑になっていくのが自分でもわかる。

食肉処理施設を参考に解体

内臓の内容物や糞尿、泥が混じった水などが付着した肉は、においが移るだけでなく、菌が繁殖したり血が腐ったりして〝臭く〟なってしまう。いまの私ならこんな肉は絶対に食べないし、「もったいない。動物に謝れ」と怒るところだが、そのときは自分ひとりでシカ1頭の解体をやり切ったという達成感もあったのだろう。そんな肉でもおいしいと感じられたから不思議なものだ。

解体後に困ったのが、庭に残る肉片や血の塊の数々。血は地面に吸収されるだろうと思っていたが、思いのほか残骸が庭に散らばってしまった。清潔でおいしいジビエ肉を得るためには、血などが流れても大丈夫な場所や環境を確保し、それなりの道具をそろえる必要があると私は痛感した。

理想をいうと、自宅に衛生的な施設を整えて経験を積む以外にないとわかってはいるが、自家消費のレベルでそこまでやるのは無理。

そこで、私が食肉処理施設に通って学んだことを参考にして、自宅の庭先で行っている山本暁子流の解体方法をご紹介したい。もちろん、人によって解体方法はさまざまなので、あくまでもひとつの参考にほしい。

私の基本的な解体方法と道具

ずぼらな私が自家消費用に自宅の庭で解体するときの道具を紹介する。みなさんの環境に合わせて代用品を考えてほしい

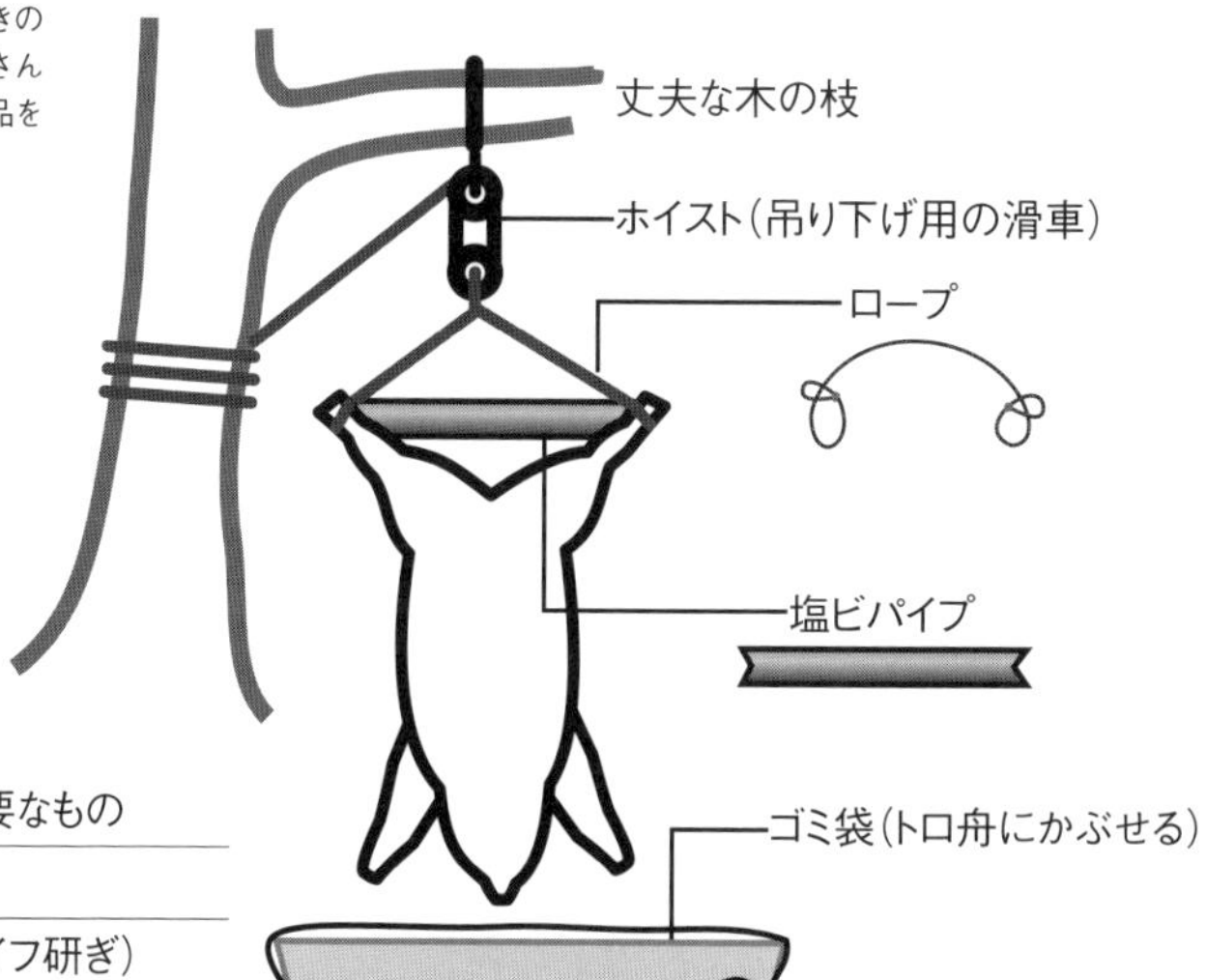

●解体に絶対必要なもの

ナイフ
シャープナー（ナイフ研ぎ）
アルコール
使い捨てニトリル手袋（粉なし）
水道につながったホース
小さなポリ袋2枚
大きくて丈夫なポリ袋数枚
結束バンド２本

●解体にあると役に立つもの

ガスバーナー	イノシシの毛を焼く
高圧洗浄機	表面の汚れを落とす
お湯（電気ポット）	解体用ナイフを洗浄する

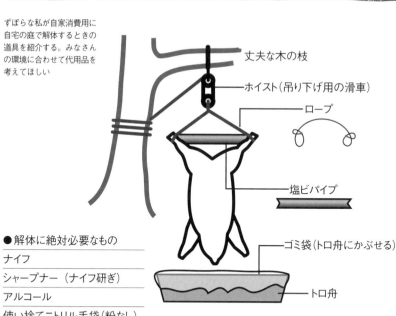

自家消費用の私の基本的な解体手順（イノシシ）

※解体手順はシカもほぼ同じ

1 ガスバーナーで表面を焼く

ダニの予防になるが、独特のニオイが漂うので周囲に迷惑がかかる場合はやらなくてもいい。

2 ホースで糞を出す

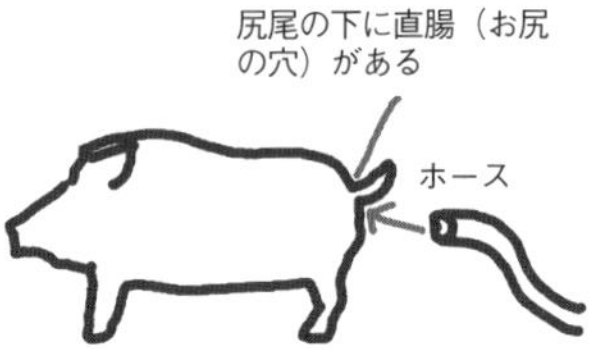

肛門から直腸に水道につないだホースを突っ込み、水を流し込んで糞を排出させる。

3 高圧洗浄機で身体を洗浄

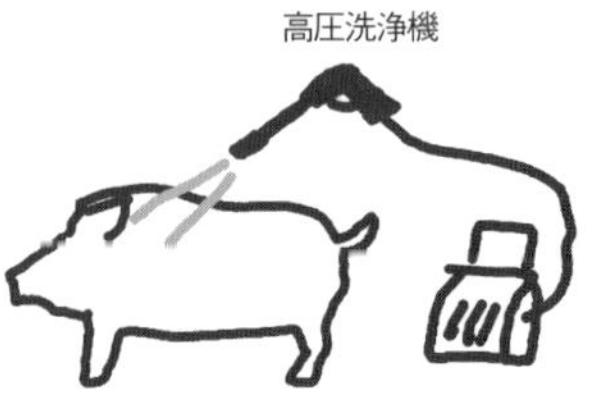

自動車や壁を洗う高圧洗浄機、なければホースの先端を押しつぶして水流を強くし、水の勢いで泥を落とす。

4 ホイストでお尻を持ち上げる

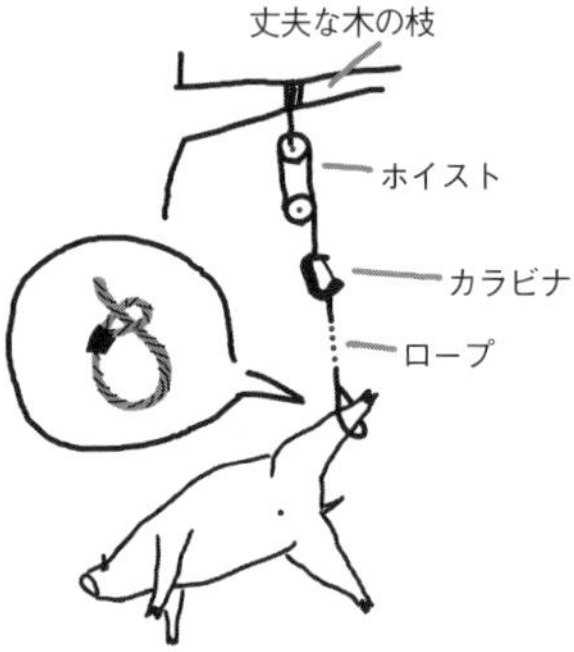

ホイスト（吊り下げ用の滑車）を丈夫な木に設置する。トロ舟に入れた獲物の片方の後ろ足にロープの輪をかけて、お尻が持ち上がる程度までホイストで持ち上げる。

5 直腸を出す

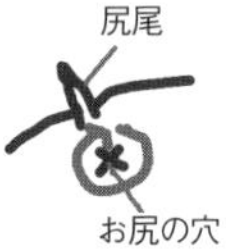

肛門の周りを丸く切除して、直腸を指でゆっくり引っ張り出す。刃先で腸を傷つけないように、肛門に対して垂直にナイフを入れるのがコツ。

6 直腸の先端を結束バンドで縛る

引っ張り出した直腸の先端から糞が漏れ出ないように、ビニール袋をかぶせて袋ごと結束バンドで縛る。念のためその下側の腸も縛ったら、ビニール袋ごと体内に戻す。

7 体全体を吊るす

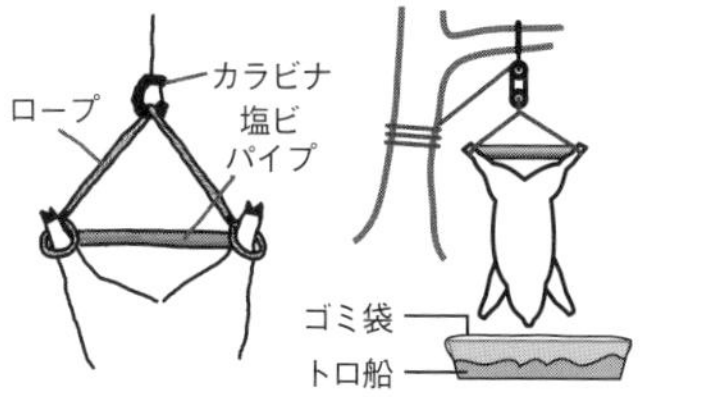

一度獲物を降ろし、ロープを獲物の後ろ足それぞれにかけ、脚が開くように脚の間に塩ビパイプを渡す。ロープをホイストにかけ、上に引っ張り上げて獲物を逆さまに吊るす。

8 皮を剝ぐ

線のように皮にナイフで切り目を入れて皮を剝ぐ。耳の後ろ、アゴのラインまで剝ぐ。

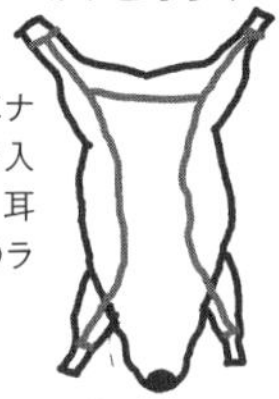

9 内臓を出す

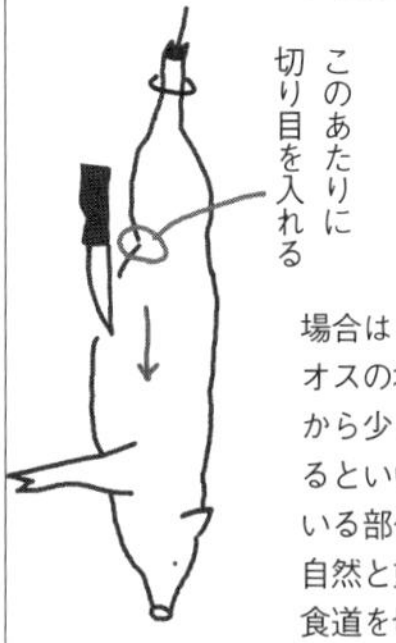

内臓を傷つけないようにお腹の中心を縦に割き、内臓を出す。上から腹膜を切っていくと胸骨に当たる。ナイフで切れない場合はノコギリなどを利用する。オスの場合、尿道のあたりは中心から少し右に避けてナイフを入れるといい。内臓は体とつながっている部分にナイフを入れていけば自然と重力で落ちていく。最後に食道を切ったら⑥の直腸ごと内臓をすべて摘出できる。

Tips

腹部と足の付け根の交差地点あたりに腹膜に薄く縦に1～2㎝ほど切り込みを入れる。ナイフの背を内臓側に向けて切り込みに浅く刃を入れ、下に向かってナイフを滑らせると内臓を傷つけないように割くことができる。ほとんどの獣は腹膜の厚さは1～2㎜程度だが、脂がのっている時期のイノシシは厚さがある。腹膜に達するまで少しずつ切っていくといい。

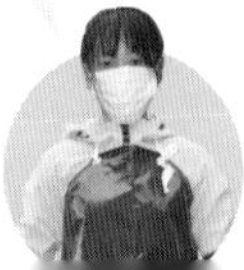

10 頭を落とす

顎の骨から耳の後ろに向かって骨に沿わせながら切っていく。頭蓋骨と脊椎の間にナイフを入れて頭をねじれば頭が落ちるが、無理な場合はノコギリなどで切ってもいい。
※図のイノシシは解説のために横向きになっているが吊るしたまま頭を落とす。

11 ヒレ肉を取る

ヒレ肉は太ももの付け根部分から背骨の付け根にかけて縦にくっついている肉のこと。骨と肉の間にナイフをいれて削ぎ取っていく。

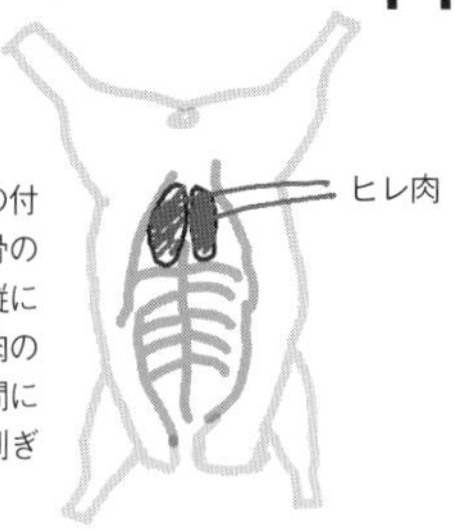

12 大バラシしていく

足先を切り落として、キレイなまな板の上で精肉にしていく（詳細は次ページ）。一般家庭にはシカやイノシシを丸ごと捌けるような台がないので、私は図のように3分割している。これを「大バラシ」という。切り離す前に大きなビニール袋を下から被せ、ⒶⒷⒸの順で分割するとやりやすい。

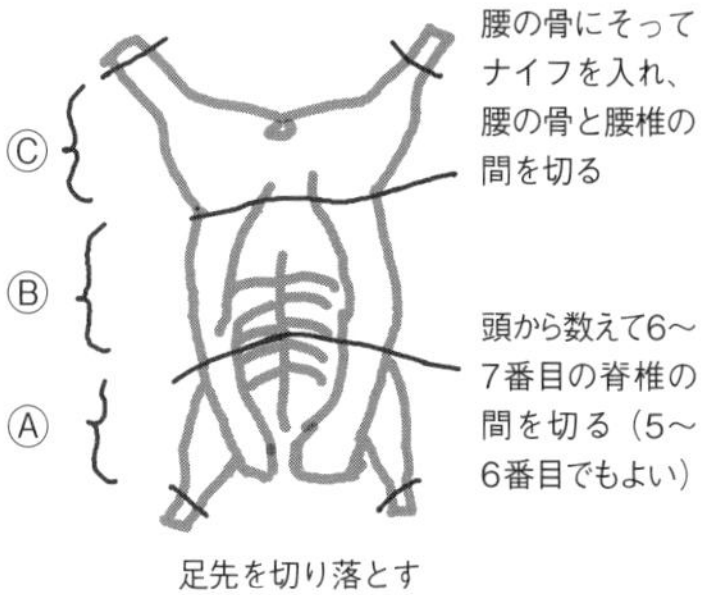

足先を切り落とす

精肉・加工・保存

解体で3分割した肉を自宅でカットする

どの動物も死後は肉が硬直する。しかし、低温でしばらく保存すると解硬がはじまり、風味が増す。このように肉を低温で寝かせることを「熟成」という。普段、口にしている牛肉や豚肉も熟成期間を経て流通するのが一般的で、おいしくジビエをいただくためには熟成は欠かせないものといえる。

解体で3分割した肉は、肉から染み出る赤い液体（ドリップ）を吸い取るために、切断面をペットシーツで包み、ビニール袋の口を閉じて冷蔵庫で熟成させる。私は1℃の環境下でイノシシは3～5日、シカは5～7日を熟成の目安としている。最初のうちは上手に解体できないと思うので、菌の増殖の可能性などを考えると、もう少し短期間の熟成でもいいと思う。

私が住む鳥取の冬は雪が積もっていることが多いので、雪の中で熟成させることも多い。もし3分割した肉を保存するスペースがない場合は、後述する脱骨を先にやって、肉の塊にしてから熟成させてもいい。

熟成後に行うこの脱骨作業とは、文字どおり肉から骨を取り外す作業のこと。3分割した肉であれば、家庭のキッチンでもスペース的にはなんとか作業できると思う。脱骨のポイントは、肉を骨から取るのではなく、「肉から骨を除く」という意識でやるときれいな肉の塊が残りやすい。

脱骨中はリンパ節やスジ、アバラについている腹膜なども取り除くといい。「なんとなくおいしくなさそうだな～」と思ったら、そこを切除する感覚だ。脱骨したら、カットチャートを参考にしながら、どれがどの部位なのかを考えながら、自分の好みでブロックに切り分ければいい。私も最初は解体所のルールどおりに正しく切り分けていたが、自家消費であればそこまで気にする必要はないと思うようになった。

専用器具があると便利

肉の保存には家庭用の真空包装機を使うのが理想だが、食品ラップやジッパー付きの保存パックでの冷凍保存で

カットチャート（イノシシ）

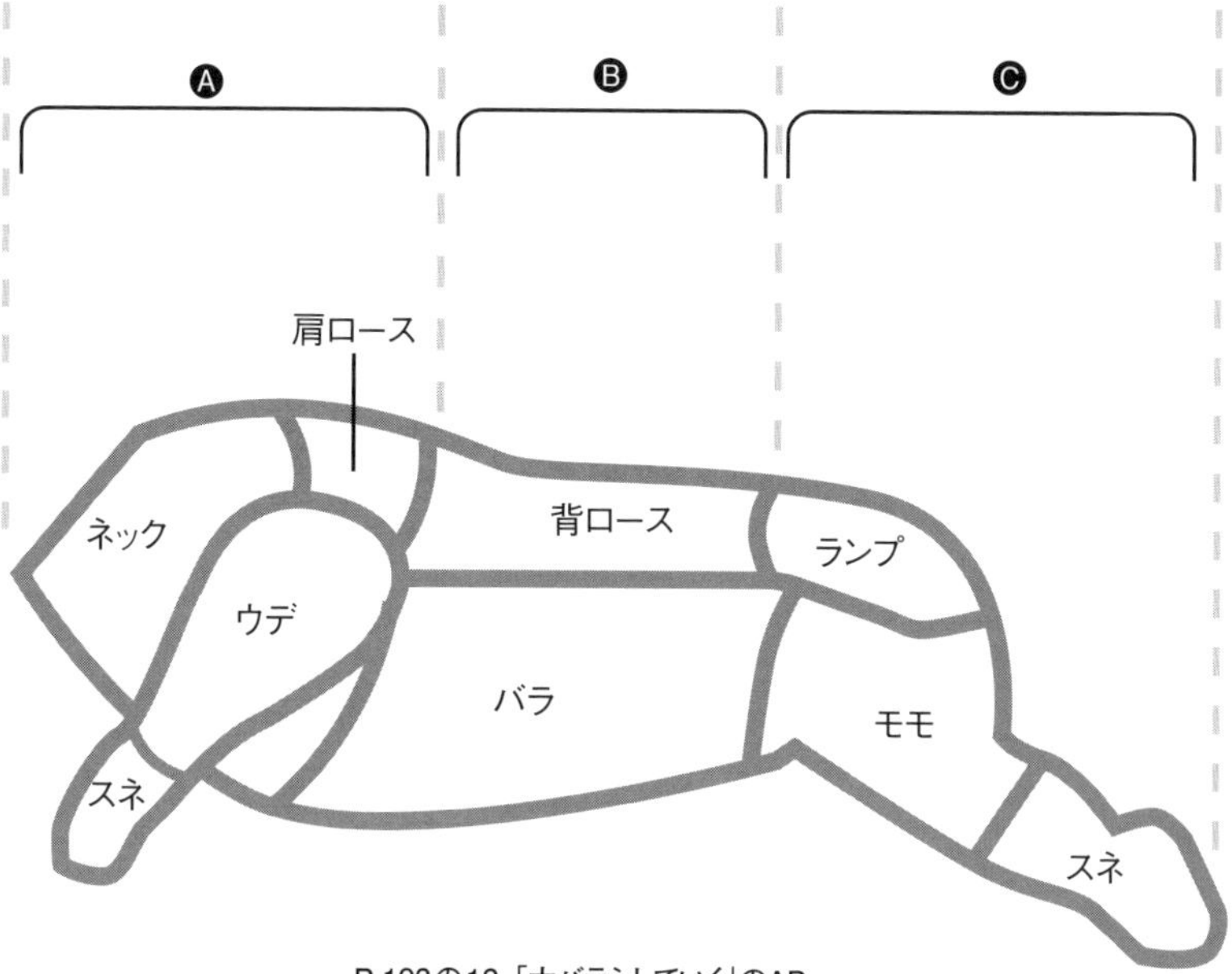

P.193の12「大バラシしていく」のABCと対応するイノシシ枝肉のカットチャート。小中型獣の場合は、分割しないで好きなところで切り分けてもいい

も十分もつ。冷凍肉の消費は1カ月程度が目安といわれるが、このあたりは自己責任の世界だろう。私は半年以上たった肉も平気で食べている。

　肉の加工方法としては、スライサーやミンサーがあると料理の幅が広がる。どちらも高価な調理器だが、私は狩猟仲間と共同購入して利用している。

　スライサーを使う場合は全解凍せず、わずかに解凍してスライスするとやりやすい。スライスしきれない肉や解体の端肉はミンサーで挽肉にするのだが、挽肉だとジビエが苦手という人も抵抗なく食べてしまうから不思議だ。ハーブなどをミックスすると、調理しやすいからかもしれない。一度、中途半端に余ったジビエ（ウサギ、カモ、シカ、イノシシ、クマ、アナグマ）をすべて挽肉にしたが、どんな味だったかは皆さんの想像におまかせしたい。

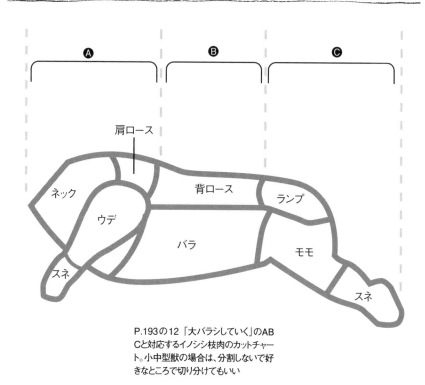

鳥類の解体

鳥類の解体は作業の95％が羽根むしり！

鳥類の解体は獣類に比べれば、それほどハードルは高くない。台所のまな板上で精肉もできる。工程は①内臓を取り出す、②羽根をむしる、③精肉する、の3つだが、①と②を逆に行う人もいる。ここでは私が自家消費用に行っている方法を説明しよう。

①の内臓の取り出しだが、私は現場で抜くことが多い。散弾銃で獲った鳥は内臓が傷ついている恐れがあるため、腸内で腐敗が進むからだ。取り出した内臓はその場に捨てずに、かならずポリ袋に入れて持ち帰ろう。ほとんどの自治体では生ごみとして処理できる。

②の羽根むしりが実は最難関。ひたすら鳥の羽根を抜く地道な作業が続く。羽根が周囲に飛び散るので、外で行おう。私は大きなポリ袋の中に鳥を入れて庭でむしっている。カモの場合、銃砲店などで販売している「ダックワックス」を利用すると効率よく羽根を除去できる。温めて溶かしたワックスを羽根に染み込ませ、冷やして固めるとパリパリっと簡単に羽根が取れる。私は工業用のパラフィンワックスをネットで購入しているが、値段は5kgで3000円ほど。ワックスを溶かすのに時間がかかるため、猟仲間とたくさん捕獲したときに利用することが多い。

ただ、いくら頑張って羽根をむしっても産毛が残ってしまう。気になるときはガスバーナーで軽く炙ると産毛だけが炭化する。表面をパンパンっと叩いてやれば焼けた毛を払うのも簡単。焼きすぎないように注意しよう。

③の精肉はとっても簡単。出刃包丁があるとやりやすいが、解体用ナイフとキッチンバサミでも代用可能。魚の三枚下ろしのような感覚で、骨から肉を削ぎ落していくと足と手羽を含めた半身がきれいにできあがる。あとは皮ごと切って半身からサリミ、モモ、ムネ、手羽に分ければ完了。残った骨もガラとしてダシに使えるので、お湯でさっとゆでて内部を洗ってから利用しよう。小鳥は精肉せず、足、頭、ボンジリを切り落として丸ごと使うほうがラクだし、おいしくいただけると思う。

私の鳥類の解体方法(カモの場合)

1

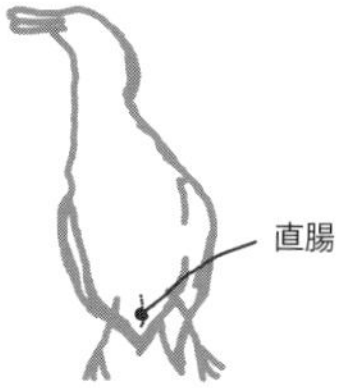

直腸にナイフを少しだけ縦に入れ、そこから腸を引き出す。奥のスナギモまで取れたらOK。心臓、スナギモ、肝臓を食べる場合は、別のポリ袋に入れてキープしておこう。衛生面を考慮して、ナイフで開けた穴にはキッチンペーパーを詰めておくといい。

2

首から上以外の羽根をすべてむしる。産毛が気になる場合はガスバーナーで焼くといい。

3

首とボンジリ（お尻）を包丁で切り落とす。ネックの肉も取りたい場合は頭を切り落とし、食道と気管を引き剝がす。手間がかかる割に肉が少ししか取れないため、私はガラとして処理することが多い。

4

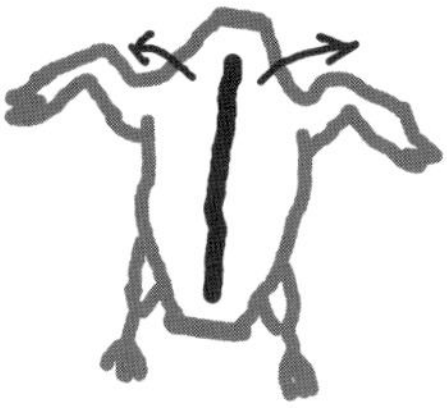

背中をさわると縦にまっすぐ骨があるので、それに沿ってナイフを入れると、左右それぞれで半身がとれる。骨に沿って軽くナイフを入れれば、肉も簡単に剝ぎ取れる。途中、手羽とモモの関節にあたるが、関節部分にナイフを入れるか、ねじってしまえば簡単に外せる。裏側のおなかまで剝ぎ取ったら皮を切る。

5

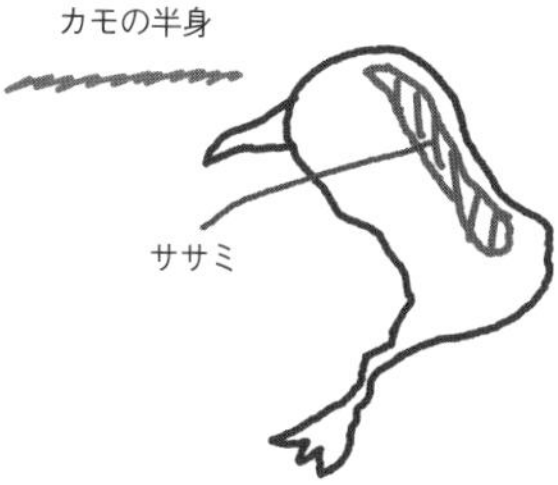

剝ぎ取ったらこのような半身ができあがる。ササミがくっついているので手ではぎとる。
※たまに骨のほうにくっついている場合がある。

6

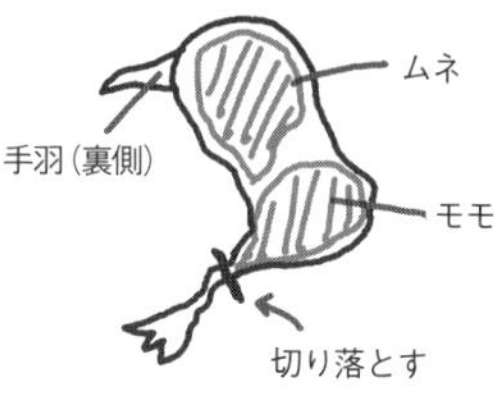

足を切り落とし、モモ、ムネ、手羽に切り分ける。それぞれの筋肉がきれいに分かれているので、わかりやすいはずだ。ムネと手羽先の境は、手羽をもってぶら下げてみるとわかりやすい。最後に不要な足先と手羽の先を切り落として完了。

ジビエをおいしく食べる・鳥類

猟場で食べるヒヨドリラーメンは絶品！

牛肉にも「○○牛がおいしい、△△産のブランドが絶品」などの違いがある。これらは育て方や品種、処理方法などの違いによって生まれるものだ。野生鳥獣は自然界で育っているため、季節や個体差が味に顕著に表れる。

私は狩猟だけではなく年間を通して有害鳥獣駆除を行い、処理施設でもたくさん解体してきたので、「これはおいしそうなシカ肉だ」とか「これはイマイチなイノシシ肉だ」などと、なんとなくわかるようになった。スーパーでお肉を見たとき、「お、これはステーキで食べたらおいしいかも」「カレーならこれくらいの肉でも」と考えて購入すると思うが、それと同じだ。

とにかく種は何であれ、おいしいジビエ肉は焼いて塩コショウするだけでおいしいのだが、個人的にはしゃぶしゃぶや寄せ鍋がお気に入り。

鳥類のおいしい食べ方

まずは鳥類のおいしい食べ方だが、狩猟鳥として定番のカモは種類によっておいしさが違う。陸ガモは総じておいしく、なかでもマガモが一番。大きいので食べごたえがあり、〝カモ肉の王様〟といったところ。

カルガモは安定しておいしい。唯一日本に留まるカモなので、田畑の近くの個体はおいしいお米を食べて育った可能性が高く、白くてきれいな脂になる。コガモは当たり外れがあり、ヨシガモ、オナガガモ、ハシビロガモはちゃんと食べたことがないので割愛。

ホシハジロのような海ガモは、特有の臭みがあってかなり工夫しないと食べられないなという印象。鍋にして食べたが、「これは厳しい」といいながら無理やり飲み込んだ覚えがある。

カモは肉汁がおいしいので、これを生かす調理法がおすすめ。出汁をすべて楽しめる鍋や、肉汁をソースに使うカモ肉ソテーのオレンジソースがとてもおいしかった。

キジは高級地鶏に似ている。肉に弾力があり、独特の香りと旨味がガツンとくるのに味は淡白。ガラで出汁をとり、寄せ鍋風の味付けで鍋を楽しんだ。キジバトはシカと同じで、低温調理がオススメ。ヤマドリはキジをさらに上品にしたような味わいだった。

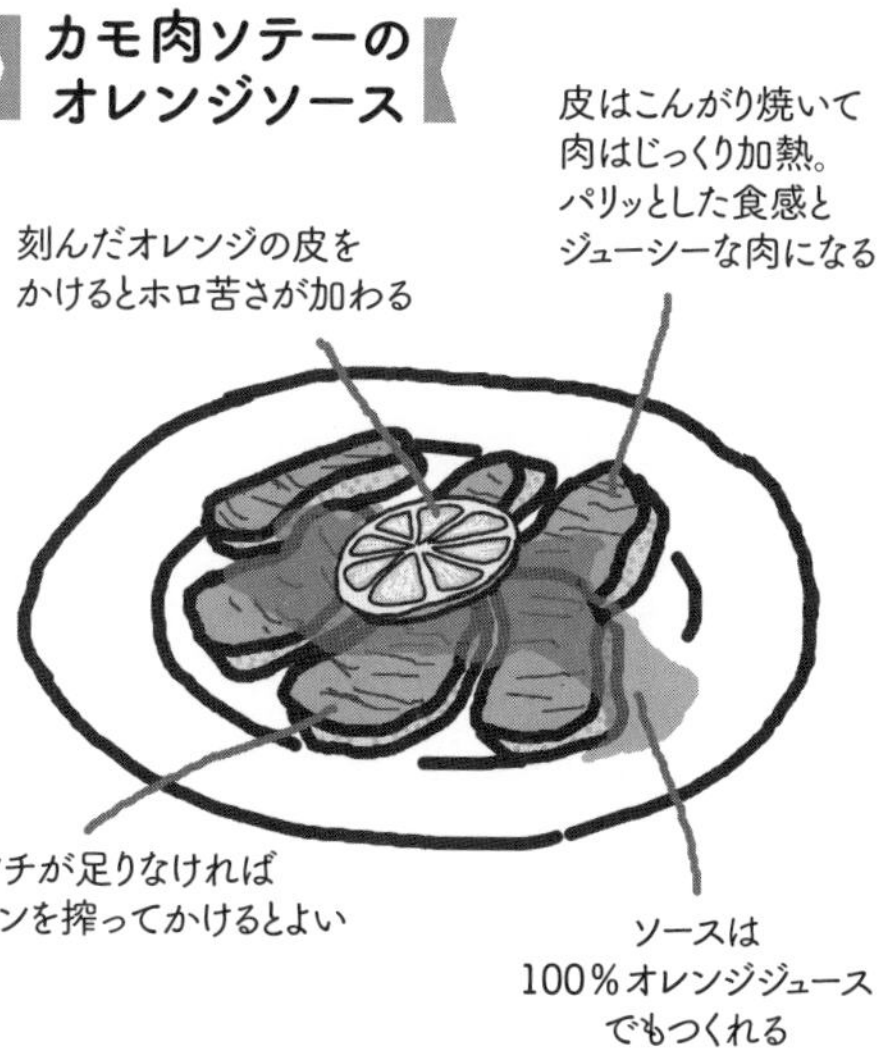
皮はこんがり焼いて肉はじっくり加熱。パリッとした食感とジューシーな肉になる
刻んだオレンジの皮をかけるとホロ苦さが加わる
パンチが足りなければレモンを搾ってかけるとよい
ソースは100％オレンジジュースでもつくれる

獲ってその場で食べてみよう

私は一時期、獲ってその場で食べるのにハマったことがあり、SNSを参考にあれこれ試したが、一番おいしかったのが「ヒヨドリラーメン」だ。少ない調理器具で簡単にでき、味も最高。ヒヨドリはとても身近な鳥で、銃猟初心者でも捕獲しやすい種のひとつ。雪が降った日に熟した柿を雪の上に置いて、じっと待っているだけで飛んでくることも多い。

獲ったヒヨドリの羽根をその場でむしって丸鶏にし、丸ごと煮込む。アクを除くときれいな黄色いスープができる。そのスープにインスタントの塩ラーメンを投入し、麺がほぐれたら付属の粉末スープを半分くらい入れれば完成。あっさりしているのに濃厚なヒヨドリの旨味が、塩味の調味料とよく合う。肉はそのままかぶりつこう。

これだけでも十分おいしいが、白菜や白ネギなどの野菜を入れると甘味が増すので、用意しておこう。スープが染み込んだ野菜を、シャクシャク食べるのがたまらない。誰もいない寒い林の中で温かいスープを飲み干すと、体がポカポカと暖まり、とても満ち足りた気持ちになってくる。

内臓と足の先を切りおとす
ヒヨドリの毛をむしる

メスティンなどの鍋
ガスコンロ

ジビエをおいしく食べる・獣類

イノシシはカツ、シカはローストがうまい!

まずは定番のイノシシ肉。イノシシ肉は〝イノカツ〟がオススメ。イノシシの脂は豚肉よりもあっさりしていて胃もたれしないので、揚げ物に合う。とくにカツは衣で肉を包んで揚げる料理法なので、赤身がしっとりやわらかく仕上がる。赤身の味が濃く、脂の旨味も合わさって満足感がとても高い。

上質なイノシシ肉なら、薄くスライスしてしゃぶしゃぶが最高。旨味のある脂がサラッと口で溶け、そのあとにガツンと赤身の旨味がくる。丁寧に処理されたイノシシ肉は豚肉以上に臭みがない。

シカは「ローストベニソン」がオススメの調理法。いわばローストビーフのシカバージョンだが、実は炊飯器で簡単につくることができる。シカ肉はレバーっぽくて苦手という友人が、「シカってこんなにおいしいの?」と感動したほどだ。このシカ肉のレバーのような臭みは100℃以上に加熱するのが原因なので、低温調理が向いている。

調理法も簡単。味が染み込むようにフォークで突いたシカ肉に、塩、コショウをまぶし、酒、醤油、蜂蜜、ニンニク、ローズマリーとともに、ジッパー付き保存袋に入れて冷蔵庫でひと晩

イノカツ

千切りキャベツなど
野菜を添える
名古屋風ゴマ味噌ダレ

ローストベニソン

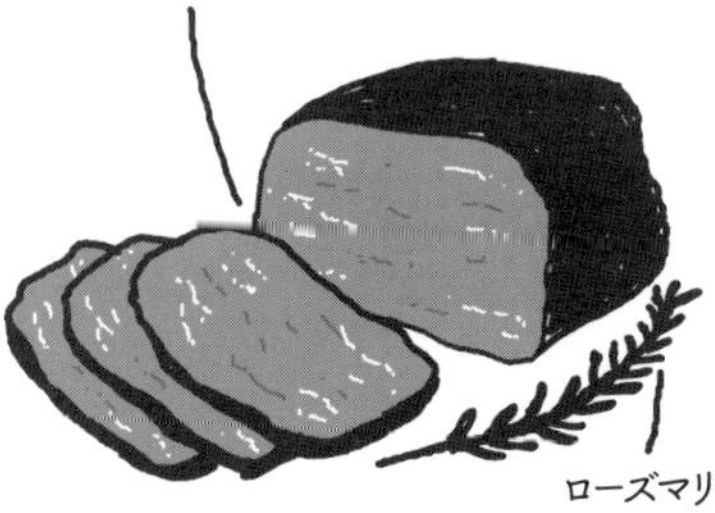
私の好みは厚さ2mm
薄切りにすると上品に食べられる
厚切りはガツンと肉の味を楽しめる

寝かせる。炊飯器を保温にして沸騰させたお湯を張り、その中に保存袋ごと入れて90分ほど放置。最後にフライパンで表面を焼けば完成だ。ソースは漬け込んだ調味液にバルサミコ酢とワイン、ジャムを加え、肉を焼いたフライパンで煮詰めてつくる。なお、炊飯器の保温温度は機種によって異なるので、P.187を参考にして調整しよう。

鶏肉のようなヌートリア

そのほかの獣類でおいしかったのは、ツキノワグマ、ハクビシン、アナグマ、ヌートリア、ノウサギだ。なかでもクマ肉は、イノシシ以上に脂身が滑らかで舌触りがよく、赤身は牛肉のようなジューシーさとほのかな甘味があった。

たまにクマ肉は臭いという人もいるが、そんなことはないと思う。良質なクマ肉なんて猟師をしていないと滅多に手に入るものではないので、質の悪いものを食べた人の話が広がって臭いイメージが定着したのかもしれない。クマ肉は高級な牛肉と同じような調理法で食べればいい。

外来生物として駆除が盛んになってきたヌートリアの肉は、鶏肉のようにあっさりしていてどんな料理法にも合う。ハクビシンとアナグマは梨農園で捕獲したからなのか、とってもフルーティーな味わいだった。とくにハクビシンは中国でも高級品といわれるだけあって、牛肉のようでいてそれよりおいしい印象。どちらもすき焼きにして食べた。

ノウサギはデミグラスのシチューがベスト。肉質がやわらかいので、煮込むことで口の中でほろほろと崩れるような食感になる。シカやノウサギなど草食獣の肉は西洋料理のようにハーブを利用したものに合い、イノシシやアナグマなど雑食獣のジビエは、牛肉や豚肉のような調理法であればなんでも合うというのが私の感想だ。

ノウサギのデミグラスシチュー

バゲットがシチューに
よく合う
お酒が好きな人は
赤ワインがオススメ
タイム、ローリエ
ローズマリーなどの
ハーブが
ふわっと香る

◇クラフティングを楽しむ◇

皮や骨、角などで自分だけのオリジナルをつくる

自分で獲った野生鳥獣は、その肉を食べるだけでなく、皮や角、骨や脂などを活用してクラフトを楽しむこともできる。それなりの手間とお金がかかるものの、捕獲から完成品になるまで〝完全手づくり〟できる喜びは、ハンターだけに許された特権といえる。

動物の皮はそのまま毛皮の敷物として利用してもいいが、なめした革を加工してバッグや財布などをつくる人もいる。猟師らしいアイテムとしては、定番の防寒アイテムである尻当てや、銃のチークレスト（銃の頬を着ける部分に取り付けるパッド）を、自分でなめした革でつくるという人もいる。

また、シカのスカル（頭骨と角）はそのまま飾ってもおしゃれなインテリアになるし、加工してアクセサリーや小物として生まれ変わらせるのもおもしろい。私も立派な角をもったオスジカがくくり罠にかかったのを見て、どうしても記念として残したくてスカルをつくった。食肉用に体は傷つけたくない、でも頭蓋骨を粉砕したくない。結果、散弾銃のスラッグ弾によるネックショット（首を狙って撃つこと）で止め刺しをした。

頭を切り落とし、皮や肉をある程度除去。そのあと大きな鍋でグツグツ煮て細かい肉を取り除き、最後に重曹を少量加えて再び煮て、ブラシやピンセットで全部の肉を落とした。合計7時

知人が工房に通って製作したシカ革のチークレスト。スナップボタンで装着も簡単。自分の銃に完全にフィットさせられるのも魅力

間以上を費やして完成したスカルは仕事部屋の柱に飾ってある。

また、カモやキジのオスの羽根はとても美しいのでクラフティングにもってこい。羽根を友人にプレゼントしたら、素敵なイヤリングになって戻ってきて驚いたが、アイデアとやる気次第でいろいろなものをつくれるので、皆さんも狩猟をはじめたらチャレンジしてみてはいかがだろう？

大きな鍋でシカの頭をグツグツ煮て、肉やスジをきれいに除去するのにかなり苦労してつくったスカル

革・角・羽根などを使った作品

ここで紹介しているのは「ARGONAUTAE（アルゴノート）」董雪華さんの作品。工夫すればこのような素敵なものもつくれる

1 シカの角とイノシシの革を利用したピアス。輪切りにした白いシカの角の上に鮮やかな赤いイノシシ革をポイントに貼ってある。紫とピンクのビーズが一緒に揺れてとてもかわいらしい。

2 カラフルな散弾銃の空薬莢（使い終わった弾の容器）とシカやイノシシの革を利用したキーホルダー

3

3 いただいたカモ羽根のイヤリング。黒地の羽根に光沢のある鮮やかな青緑色の羽根が光を浴びて反射する。

4 シカの角とイノシシ革を利用したキーホルダー。切断されたシカの角が利用されている。角には穴が開けてあって革でつなぎ留められている

1

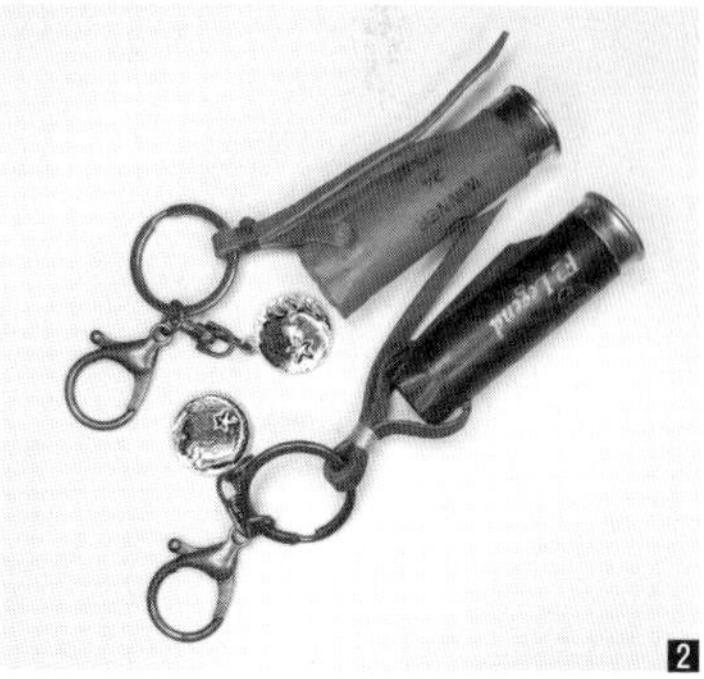

2

4

ジビエレザーでオリジナルグッズ

クラフティングの最後に、最近、人気になりつつある「ジビエレザー」を紹介しておこう。これは捕獲した有害鳥獣の皮を使ってレザー製品をつくるというもので、ジビエ人気の高まりに呼応して全国的に注目を集めている。

工房を開いてジビエレザーでこだわりの作品をつくっている革職人も多い。最近は一般の人向けにクラフティング教室を開催している工房も増えた。私の地元にある革工房のクラフティング教室では、革職人が直接つくり方を指導してくれるだけではなく、プロの本格的な道具を利用できるので、その気になればしっかりとしたバッグなどもつくることができる。こういった工房を利用すれば、唯一無二のオリジナルグッズを気軽に手に入れることができる。

ジビエレザーでオリジナル作品をつくる！

鳥取県の「若桜革工房 DearDeer（ディアディア）」ではジビエレザーを利用した作品を製作しているほか、職人の石井健治さんがクラフティング教室も開催している。

オシャレな店内にはジビエレザーの作品がいっぱい並ぶ

クラフティング教室の様子

DearDeerではオーダーメードも受け付けている。シカ革でできた車掌カバン。モダンレトロでカワイイ

教室で生徒さんがつくったシカ革のバッグ。左が黒、右が青色

タンニンなめしをしたシカ革の帽子。使い続けるとどんな風合いに変化していくのか、とても楽しみだ

使いやすそうな名刺入れ

若桜革工房 DearDeer
https://dear-deer.net/

難易度の高い皮なめし

動物の皮をなめす作業は、専用の道具を持っていない素人にはなかなか大変な作業だ。私もミョウバンを使ってアナグマの毛皮でなめしに挑戦したことがあるが結果は散々だった。

皮から脂肪や肉片を取り除く作業で皮を傷つけてしまい、おまけに穴まで開けてしまった。仕上がりもパリパリだし、形もいびつですぐにカビが生えてしまった。何日もかけて作業したのでがっかりしたが、やはり基本的な知識を専門書などで習得したうえで、経験を積む必要があると痛感した。

しかし、あきらめるのはまだ早い。世の中には自分で剥いだ皮を加工してくれる工房もある。加工方法は工房によって異なり、毛付きか毛なしか、なめし方は「クロムなめし」か「タンニンなめし（ヌメ革）」を選ぶことができる（下表）。

私はクマの毛皮なめしを業者に頼んだが、剥いだ皮に多少肉が付いていてもいいので、そのまま冷凍便で送ってとのことだった。1カ月ほどで届いた毛皮は素晴らしい仕上がりで、工賃3万5000円は安いと感じた。

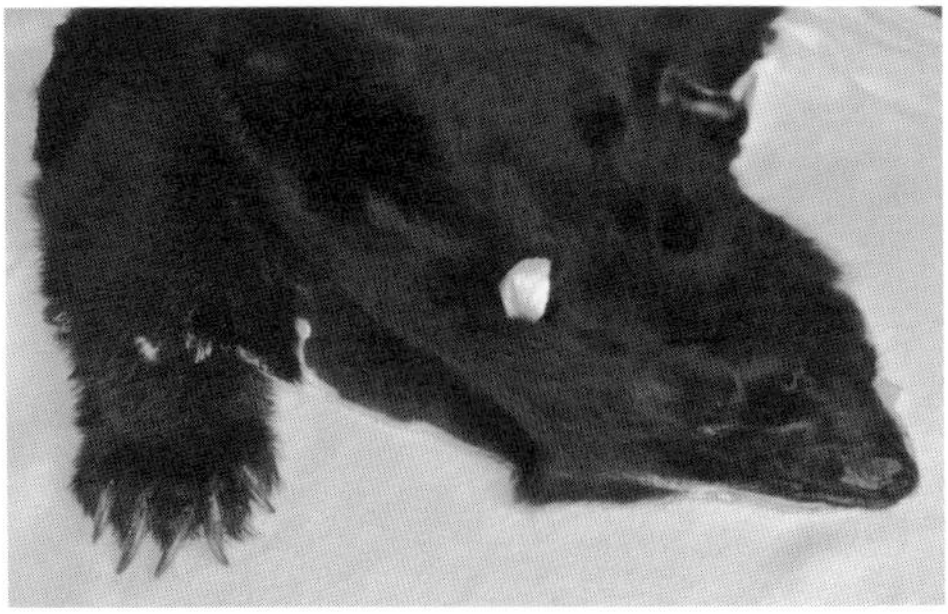
私のクマの毛皮。耳と鼻、爪などが残っていて気に入っている。腕と頭には弾が貫通した穴があり、撃ち手のストーリー性を感じられる。なめしの依頼先は布川産業さん。剝製も作成してくれるとのこと
http://www.nunokawa-sangyo.com/

主な皮のなめし方とその特徴

なめし方法	なめし剤	色	メンテナンス	特徴
クロムなめし	化学薬品	染色可能。鮮やかな色も可能	必要頻度は低い	軽い。耐熱性あり、やわらかく伸縮性がある。キズや変形に強い
タンニンなめし	植物の渋	仕上がりは自然なベージュ。使い込みによって色に変化が生まれる	頻繁に必要	水に弱い。丈夫でハリとコシがある。使い込むことで色や艶の変化（エイジング）を楽しめる

Column 09

動物好きにとっての狩猟という行為

『ウリボウなかよしだいかぞく』という写真絵本がある。私が大学時代から持っているお気に入りで、いまでもときどき読み返す。ウリボウとはイノシシのこどものこと。私はイノシシやブタが大好きで、よく神戸の芦屋川を訪れてイノシシ親子の観察をしていた。そんな私がイノシシを獲っている。「信じられない」といわれるが、知っている猟師には私のように動物が大好きだという人が多い。狩猟をするということは当然、生き物を自分の手で殺すということ。大昔から食べるために殺すということは人間にとって自然な行為だが、直接手を下すかどうかで心の負担はまったく違う。

狩猟は自分の残虐な一面を知ることでもある。弾が当たって息絶えた動物を前に「やった！」と喜ぶ自分。同時に罪の意識も湧く。正反対の感情だけでなくいろいろな感情が複雑に絡み合い、それが塊となって一気に押し寄せてくる。この感情を理性で受け止めるためには、自分の狩猟行為についてよく考えて、裏づけをしておくことが大切だと思う。

とくに有害鳥獣駆除は多くの動物の命を奪うことになるが、私は田畑を何度も全滅させられて農業をあきらめてしまった人たちを見るうちに、中山間地域は動物との戦場で、生存競争の場だと思うようになった。つまり、「動物に罪はないが、黙って荒らされるわけにはいかない」という正当性を盾に、なんとか精神を保っているのだと思う。そのかわり、もし自分が死んでイノシシに裁判にかけられたら、反論や言い訳はしないでおこうと覚悟を決めている。

ウリボウのかわいい写真がたくさん載っている『ウリボウなかよしだいかぞく』（ポプラ社）

動物の命を奪う
という感情を
理性で受け止めるには

おわりに

執筆のお話をいただいたとき、「まだ狩猟4年目の私が入門書を書いてもいいのだろうか」とも思いつつ、勇気を出してお受けすることにしました。

本書の内容は、試行錯誤しながらここまでやってきた私自身の失敗や工夫などの経験がもとになっていますが、それだけに初心者の方には参考になる一冊になったのかなと思っています。

本書の執筆にあたっては、さまざまな人に取材や資料の提供などで協力していただきました。この場をお借りして感謝申し上げます。

「狩猟のことをもっと知りたい、勉強したい」という想いから、積極的にさまざまな人たちと関わりを持とうとしてきましたが、いまでは逆に狩猟が人の輪を広げてくれていることも多く、これも狩猟の楽しみのひとつだと実感しています。

本書では伝えきれないことがまだまだたくさんあります。現在、有害鳥獣駆除やその利活用についての活動も行っています。活動内容や日々の狩猟の成果、猟犬の様子などについてもホームページやTwitter、Facebookで公開しております。まだコンテンツを増やしている段階ですが、よろしければご覧ください。もちろん、「本を読んだよ」という報告も大歓迎です。

ホームページ	https://urifyhunter.studio.site
Facebook	https://www.facebook.com/acco.yam
Twitter	@Urify_Hunter
Youtube	https://www.youtube.com/c/UriUrify

狩猟の現場に立てるまで
手取り足取り
初めてでも大丈夫 狩猟入門

2022年12月16日　初版第1刷発行
2024年 6 月20日　　　第2刷発行

著者　山本暁子

発行人　小池英彦

発行所　株式会社扶桑社
〒105-8070　東京都港区海岸1-2-20 汐留ビルディング
編集部　Tel：03-5843-8583
メールセンター　Tel：03-5843-8143

印刷・製本　大日本印刷株式会社

企画・編集／後藤 聡（Editor's CAMP）

撮影／青木幸太（青木写真事務所）

表紙・本文デザイン／本橋雅文（orangebird）

本文イラスト／山本暁子

校正／鳥光信子

編集／川添大輔（扶桑社）

取材協力／株式会社チカト商会／ f-range ／ KAKASHI LAB ／一般社団法人鳥取県猟友会／一般社団法人Japan Hunter Girls ／いなばのジビエ推進協議会／埼玉大物猟クラブ／上郡クレー射撃場／合同会社大幸／有限会社豊和精機製作所／ Bread Gundog ／井戸裕之／木下慶治／東 良成／林義孝／中塚利香／溝曽路誠／稲村誠／小林正典／北島政行／公文昭雄／中村敦／池田ゆきえ

●参考資料
『狩猟読本』（一般社団法人大日本猟友会）
『日猟会報』（一般社団法人大日本猟友会）
『猟銃等取扱いの知識と実際—猟銃等所持者のために』（一般社団法人全日本指定射撃場協会）
『はじめての狩猟』（山と溪谷社）
『これから始める人のためのエアライフルの教科書』（東雲輝之著・秀和システム）
『これからの日本のジビエ』（押田敏雄編著・緑書房）

定価はカバーに表示してあります。

造本には十分注意しておりますが、落丁・乱丁（本のページの抜け落ちや順序の間違い）の場合は、小社メールセンター宛にお送りください。

送料は小社負担でお取り替えいたします（古書店で購入したものについては、お取り替えできません）。

なお、本書のコピー、スキャン、デジタル化等の無断複製は著作権法上の例外を除き禁じられています。

本書を代行業者等の第三者に依頼してスキャンやデジタル化することは、たとえ個人や家庭内での利用でも著作権法違反です。

©Akiko Yamamoto 2022
Printed in Japan
ISBN978-4-594-09376-1